図解 即 戦力 オールカラーの豊富な図解と
丁寧な解説でわかりやすい!

脱炭素の

ビジネス戦略と技術が
しっかりわかる
これ
1冊で
教科書

JN028135

技術評論社

Contents

CHAPTER 2

脱炭素市場に向けた各国の動向としくみ ······· 43

CHAPTER 3

脱炭素化によるビジネスの変革 ····························· 69

CHAPTER　4

サプライチェーンとライフサイクルの脱炭素化戦略 ……………… 101

CHAPTER 5

エネルギーの脱炭素化に関する技術················ 131

CHAPTER 6

エネルギー利用の高効率化を実現する技術 ····· 153

脱炭素や再エネに
関わる現状

気候変動の影響を最小限に食い止めるためには、地球温暖化を

引き起こす主な物質である二酸化炭素（CO_2）の排出を削減し、

再生可能エネルギー（再エネ）を活用する脱炭素の取り組みが

必要とされます。ここでは、気候変動の現状と、脱炭素や再エネに

関連するさまざまな活動や対策について見ていきましょう。

地球温暖化により引き起こされる気候変動

気候変動問題とは？

地球温暖化により地球規模で平均気温が上昇すると、さまざまな気候変動問題が引き起こされます。そのため、脱炭素が求められています。気候変動対策には、人類の未来がかかっているといっても過言ではありません。

地球温暖化はなぜ起こるのか

CO₂
二酸化炭素。炭素を含む物質を燃焼させることなどによって発生する。水に溶けると炭酸となり、酸性化させる。

「地球温暖化」とは、地球の平均気温が上昇するという地球規模の環境問題です。地球温暖化は主に、CO_2 などの**温室効果ガス（GHG）が大気中に排出され、その濃度が高まることで引き起こされます**。CO_2 には熱を蓄える性質があり、これを「温室効果」といいます。実際、大気中の CO_2 が熱を蓄えることにより、地球の平均気温は 15℃前後に保たれています。しかし、大気中の CO_2 の濃度が高まると、蓄えられる熱が増え、平均気温が上昇します。

化石燃料
数億年から数千万年前の生物の遺骸が地下に埋まり、炭化してできた燃料。樹木などが変化してできた石炭は、生物だった痕跡を残している。ただ、石油と天然ガスは生物の遺骸がどう変化してきたのか、まだよくわかっていない。

産業革命以前は、大気中の CO_2 の濃度は 0.03%以下でしたが、現在は石炭や石油、天然ガスなどの化石燃料を大量に消費した結果、0.04%を超えています。そして、**平均気温はすでに 1.1℃上昇している**といわれています。このまま化石燃料の大量消費を続けると、2050 年には平均気温の上昇が 2℃を超え、2100 年には 5℃近く上昇すると考えられています。そのため、化石燃料の消費を抑制する「脱炭素」が必要に迫られているのです。

0.04%超
わずかな変化のように思えるが、割合とすると濃度は 3 割以上増加していることになる。

地球温暖化による気候変動の問題

平均気温が上昇すると猛暑になることは想像しやすいでしょう。これ以外に、日本では台風の大型化などが増えていますが、世界的には降雨量が増加する地域だけではなく、干ばつが発生している地域もたくさんあります。**このような気候変動がすでに起こっているのです**。このほか、南極の氷の融解などによる海面上昇、海水中の CO_2 濃度の上昇による海洋の酸性化、生態系の破壊など、さまざまな問題が引き起こされると予測されています。このような問題を緩和・回避するために、脱炭素が求められているのです。

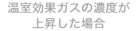
◯ 地球温暖化のしくみ

温室効果ガスの濃度が
産業革命以前の水準の場合

温室効果ガスの濃度が
上昇した場合

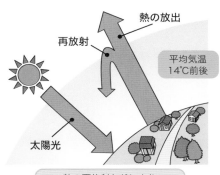

熱の放出

再放射

平均気温
14℃前後

太陽光

熱の再放射などにより
地球に蓄えられる熱が少なく、
平均気温が低く保たれる

平均気温
が上昇する

熱の再放射などにより
地球に蓄えられる熱が増え、
平均気温が高くなる

出典：環境省「平成18年度 循環型社会の形成の状況」を参考に作成

◯ 世界の平均気温（年）の偏差

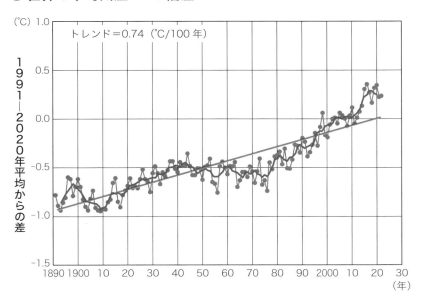

出典：気象庁「世界の年平均気温」をもとに作成

温室効果ガスってどんな物質？

気候変動をもたらす温室効果ガスの主なものとして CO_2 が挙げられますが、温室効果ガスはほかにもあります。また CO_2 排出の増加は、化石燃料の燃焼だけではなく、森林破壊やセメント製造などの影響もあります。

CO₂以外の温室効果ガス

気候変動を引き起こす主な要因といえる物質は CO_2 ですが、ほかにも温室効果（P.12参照）をもつ物質もあります。**代表的なものがメタン（CH₄）**です。メタンには CO_2 の25倍の温室効果があります。メタンは天然ガスの主成分で、ガス田やガスパイプラインからの漏えい、牛のゲップなどからも排出されています。メタンの排出量は CO_2 と同様に増加しており、排出削減が課題となっています。また、右図に示したような温室効果ガスもあり、気候変動枠組条約（UNFCCC）では、これらの排出削減も求めています。

温室効果とは逆に、冷却効果をもつ物質もあります。**代表的なものが、酸性雨の原因となる硫黄酸化物**（SOx）です。硫黄酸化物は有害であり、公害防止対策として排出削減が進められています。そのため、さらに温室効果ガスの削減が必要になるのです。

化石燃料以外のCO₂排出

CO_2 は、私たち人間を含めた生物の呼吸でも排出されています。ただ呼吸による CO_2 排出は、植物の光合成により大気中の CO_2 が吸収されているので、気候変動に大きな影響を及ぼしません。

CO_2 排出において、**化石燃料の燃焼に次いで影響の大きいものが森林破壊**です。樹木や地中の有機物などとして蓄えられていた炭素が、森林破壊によって分解され、CO_2 として大気中に放出されます。これは植物が失われることでもあるので、CO_2 を吸収する力が弱くなるという問題も発生します。

このほか、セメントを製造する過程では、原材料の石灰石から CO_2 が排出されており、これも大きな問題となっています。

牛のゲップ
牛は草を食べたとき、胃の中の細菌が草を分解し、消化しやすい物質に変換する。このとき、分解された成分としてメタンが生成され、牛のゲップとともに大気中に排出される。畜産は世界各地で行われており、牛のメタン排出は無視できない量になっている。

気候変動枠組条約（UNFCCC）
大気中の温室効果ガスの安定化を目的とした国際条約。毎年、締約国会議（COP）が開催されている（P.28参照）。

温室効果ガスの主な種類

人為起源の温室効果ガスの総排出量に占めるガスの種類別の割合

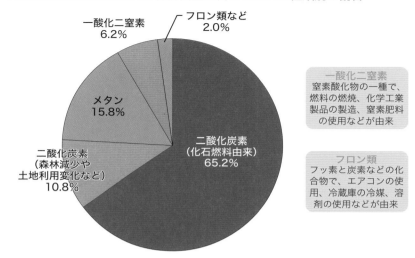

一酸化二窒素
6.2%

フロン類など
2.0%

メタン
15.8%

二酸化炭素
（森林減少や
土地利用変化など）
10.8%

二酸化炭素
（化石燃料由来）
65.2%

一酸化二窒素
窒素酸化物の一種で、燃料の燃焼、化学工業製品の製造、窒素肥料の使用などが由来

フロン類
フッ素と炭素などの化合物で、エアコンの使用、冷蔵庫の冷媒、溶剤の使用などが由来

出典：気象庁「温室効果ガスの種類」をもとに作成

森林の働きと森林破壊などが及ぼす影響

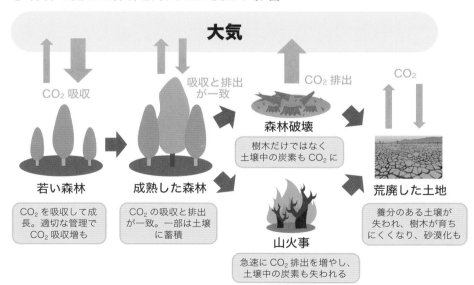

大気

CO_2 吸収

吸収と排出
が一致

CO_2 排出

CO_2

森林破壊

若い森林

成熟した森林

樹木だけではなく
土壌中の炭素も CO_2 に

荒廃した土地

CO_2 を吸収して成長。適切な管理でCO_2 吸収増も

CO_2 の吸収と排出が一致。一部は土壌に蓄積

山火事

急速に CO_2 排出を増やし、土壌中の炭素も失われる

養分のある土壌が失われ、樹木が育ちにくくなり、砂漠化も

出典：A-PLAT（気候変動適応情報プラットフォーム）「熱帯林が失われるとどんな影響が？」を参考に作成

SECTION 03

なぜCO₂が増えているのか

気候変動の原因は、主に CO₂ およびメタンなど、大気中の温室効果ガスの増加によるものです。なかでも CO₂ の影響が非常に大きいですが、なぜ CO₂ が増加しているかを理解しておきましょう。

地球の大気の成分の変化

アルゴン
原子番号 18、ヘリウムなどと同じで、ほとんど化学反応しない不活性ガス。

シアノバクテリア
藍藻とも呼ばれ、以前は植物に分類されていたが、現在は細菌に分類されている。植物の細胞内に含まれる葉緑体は、シアノバクテリアが細胞内で共生し、変化したものと考えられている。光合成をする細菌はほかに紅色硫黄細菌や緑色硫黄細菌などがある。

石炭
工業や交通のエネルギー源、あるいは製鉄などの原料として使われるようになった。

大気の成分は現在、主に窒素（78.08%）と酸素（20.95%）、次いでアルゴン（0.93%）、二酸化炭素（CO₂）（0.04%）です。しかし、**太古は酸素が少なく、CO₂ が圧倒的に多かった**のです。その後、生物が誕生し、光合成を行うシアノバクテリアなどが誕生して、CO₂ が減少し始めます。そして植物が誕生し、急速に CO₂ が減少して、酸素が増えていきます。その結果、酸素呼吸を行う生物が増えていきました。光合成によって減少した CO₂ に含まれていた**炭素の一部は、化石燃料として地下に蓄えられています。**

産業革命から始まった化石燃料の大量消費

18 世紀半ばから起こった産業革命は、エネルギー革命でもありました。蒸気機関が発明され、石炭が多量に使われるようになりました。その後、工業化の進展とともに石炭消費が増える一方、燃料の一部は石油に代わり、天然ガスも使われるようになります。

近年、先進国では経済が成熟し、エネルギーの効率的利用が進んでいるため、全般的に化石燃料の消費は減少ないし横ばいですが、**新興国や途上国ではエネルギー消費が伸びており、化石燃料の消費も増えています。**加えて、森林破壊による CO₂ の増加や、メタン排出量の増加もあり、気候変動問題が深刻化しています。

現代社会は、エネルギーを大量に消費して経済を発展させていくことが前提となっています。このエネルギーを効率化し、再生可能エネルギー（再エネ）に置き換えていくには時間がかかります。それでも、気候変動問題を回避、あるいは軽減していくためには、**いかに早く脱炭素化していくかが問われています。**

➡ 地球の大気の成分の変化

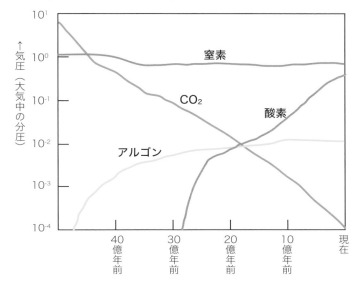

出典：岩波書店『地球惑星科学〈13〉地球進化論』（図 5.16）をもとに作成

➡ 地球のCO_2濃度の変化

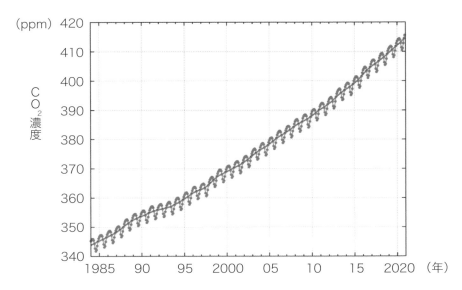

※青色は月平均濃度、赤色は季節変動を除去した濃度
出典：気象庁「二酸化炭素濃度の経年変化」をもとに作成

5つのシナリオによる CO₂排出量と平均気温の変化

気候変動問題の原因や対策などの科学的知見をまとめたものとして、IPCC（気候変動に関する政府間パネル）の評価報告書があります。最新の第6次評価報告書は2021年から2023年にかけて公表されています。

気候変動の現状

IPCCの評価報告書は、3つの作業部会の報告書とその知見をまとめた統合報告書で成り立っています。そのうち、第1作業部会は科学的根拠についてまとめています。報告書では、気候変動の現状について「**人間の影響であることは、疑う余地がない**」と断定しています。また、「大気、海洋、雪氷圏および生物圏に広範囲で急速な変化が起こっている」とされています。こうした変化は、地球上で数百年から数千年にわたって前例がなかったものです。すでに平均気温が上昇し、極端な気象現象が起こっています。

気候変動問題の将来

報告書では、このまま平均気温の上昇が進んだ場合について、CO_2排出量の異なる5つのシナリオを使用し、さまざまな可能性を検証しています。大気中のCO_2濃度がさらに上昇すると、**極端な気象現象がさらに増加し、大雨、干ばつ、熱帯低気圧の増加、海氷や永久凍土の縮小が起こる**とされています。また海面上昇はすでに、1901年から比べて20cm上昇しており、CO_2排出が続けばさらに上昇して、数百年から数千年にわたって不可逆的な変化となります。これは、海面上昇が一度始まってしまうと、CO_2排出をゼロにしても海面上昇を抑えられないことを意味します。

また、平均気温の上昇が1.5℃の場合と2℃の場合でも大きな差があるとされていますが、現状のペースでは**21世紀中に2℃を超える**と予測されています。気候変動問題をある程度のレベルにとどめるためには、少なくともCO_2排出ゼロを達成し、そのほかの温室効果ガスも削減する必要があるということです。

IPCC
国連環境計画（UNEP）と世界気象機関（WMO）によって1988年に設立された政府間組織。世界中の科学者の協力のもと、気候変動に関する論文などをまとめ、定期的に評価報告書を公表し、科学的知見を提供している。

雪氷圏
地球上における極地や高山帯など、雪や氷河、氷床、凍土などに覆われた領域。降雪の減少や氷河の後退による河川の変化、凍土の融解に伴うメタンの放出なども懸念されている。

生物圏
生物が存在する領域。生物は単独では生存できず、多様な生物で構成された生態系において生存できる。こうした生態系全体に及ぶ領域。

⮕ IPCCの５つのシナリオ

SSP1-1.9	持続可能な発展のもとで気温上昇を1.5℃以下に抑えるシナリオ
SSP1-2.6	持続可能な発展のもとで気温上昇を2℃未満に抑えるシナリオ
SSP2-4.5	2030年までの各国の削減目標を集計したシナリオ
SSP3-7.0	地域対立的な発展のもとで気候政策を導入しないシナリオ
SSP5-8.5	化石燃料依存型の発展のもとで気候政策を導入しないシナリオ

⮕ CO₂の年間排出量の予測

排出量（Gt-CO₂/年）

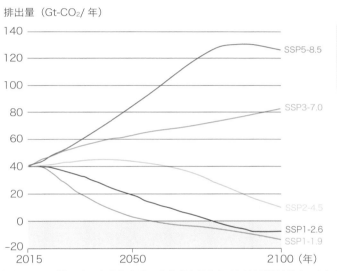

排出量の単位
「t-CO₂/年」は1年間の
CO₂の排出量（トン）を
表す単位。「Gt-CO₂/年」
の場合は、10億トン（Gt
＝ギガトン）を表す。

出典：IPCC「第6次評価報告書 第1作業部会報告書（自然科学的根拠）」をもとに作成

⮕ 1850～1900年を基準とした世界の平均気温の変化と予測

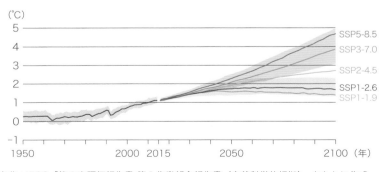

出典：IPCC「第6次評価報告書 第1作業部会報告書（自然科学的根拠）」をもとに作成

気候変動に向けた
適応策とレジリエントな開発

> IPCC の第2作業部会の評価報告書では、気候変動による社会および自然への影響などについてまとめています。報告書では、気候変動による影響は広範にわたり、自然災害を超えた損失と損害が指摘されています。

気候変動がもたらす影響

気候変動は社会や自然に対し、極めて深刻な影響を与えます。まず平均気温の上昇そのものが、熱帯の伝染病の増加や熱中症の増加など、人々の健康に影響を与えるだけではなく、家畜にも同様の影響を与えます。また、台風や山火事の増加はインフラなどに被害を与え、干ばつは農作物の減少につながります。

生態系の破壊も広範に及び、とりわけ深刻な影響を受けるのがサンゴ礁で、**1.5℃上昇でも7〜9割が死滅する**とされています。また海洋酸性化では、貝が殻をつくれず生存できなくなり、海洋全体の生態系が破壊される可能性があります。結果、漁獲量が減少し、農畜産物の減少とともに**大規模な食糧不足**につながります。

気候変動への対策

2050年にカーボンゼロを実現しても、平均気温は1.5℃上昇が予測されています。したがって、気候変動に対する適応策も必要となります。報告書では、**適応策**とレジリエントな開発について述べられています。適応策は多岐にわたりますが、なかでも生態系の維持と回復は重要な取り組みです。

気候変動に適応したレジリエントな開発は、先住民や若者などとのパートナーシップ、研究機関や市民団体、投資家、報道機関などとの協働により促進されるとしています。そして、こうした適応策や開発に早急に取り組むことが必要であり、その実現に向けて、**資金や制度に関する政治的コミットメント**などが**重要**になります。逆にいえば、一部の企業や政府の一方的な開発、あるいは資金不足は、適応策や開発の妨げになるということです。

農作物の減少
地球上のおよそ33億から36億の人が、気候変動に対して脆弱な状況下で暮らしているといわれる。農作物の減少は、とりわけこうした人々に大きなダメージを与える。

海洋酸性化
CO_2 が海水に溶け込んで酸性化すること。

レジリエントな開発
レジリエントは「柔軟な」「回復力のある」の意味。日本では、東日本大震災以降、災害に対する回復力のあるインフラ構築として注目された言葉。ここでは気候変動による損失・損害に対する柔軟性、回復力を意味する。

生態系の維持と回復
農業では水資源を有効利用するための灌漑が取り上げられているが、塩害など土地の劣化に対する注意も必要とされる。

❯ 生態系において観測された気候変動の影響

生態系	生態系の構造の変化			種の生息域の移動			時期の変化（生物季節学）		
	陸域	淡水	海洋	陸域	淡水	海洋	陸域	淡水	海洋
世界全体	●	●	●	●	●	●	●	●	●
アフリカ	●	●	●	□	×	●	×	□	□
アジア	●	▲	●	□	▲	×	□	□	▲
オーストラレーシア	●	×	●	●	×	●	●	×	□
中南米	●	●	●	●	●	●	×	×	□
欧州	●	●	●	●	●	●	●	●	●
北米	●	●	●	●	●	●	●	●	●
小島嶼	●	●	●	●	●	●	●	×	▲
北極域	●	●	●	●	▲	●	●	▲	▲
南極	▲	▲	●	▲	▲	●	▲	▲	●
地中海沿岸地域	●	×	●	●	●	●	●	●	●
熱帯林	●	×	—	▲	×	—	×	×	—
山岳地域	●	▲	—	●	▲	—	●	□	—
砂漠	●	—	—	●	—	—	×	—	—
生物多様性ホットスポット	●	×	●	●	×	●	●	×	評価なし

気候変動への原因特定に関する確信度　●非常に高い／高い　▲中程度　□低い　×証拠が限定的、不十分　−該当せず

出典：IPCC「第6次評価報告書 第2作業部会 政策決定者向け要約（SPM）」(https://www.env.go.jp/content/900442310.pdf）をもとに作成

❯ 人間システムにおいて観測された気候変動の影響

人間システム	水不足と食料生産への影響				健康と福祉への影響				都市、居住地、インフラへの影響			
	水不足	農業／作物の生産	動物・家畜の健康と生産性	漁獲量と養殖の生産量	感染症	暑熱、栄養不良、その他	メンタルヘルス	強制移住	内水氾濫と関連する損害	沿岸域における洪水／暴風雨による損害	インフラへの損害	主要な経済部門に対する損害
世界全体	▲	▲	×		▲	▲	●	●	▲	●	●	●
アフリカ	▲	●	□		●	●	×	●	▲	▲	●	●
アジア	▲	●	□		▲	●	●	なし	□	●	●	▲
オーストラレーシア	□	●	▲		□	▲	▲	なし	□	●	●	▲
中南米	□	▲	▲		●	●	なし	▲	▲	□	●	●
欧州	▲	●	□		●	●	▲	□	▲	●	●	●
北米	▲	●	□		●	●	●	▲	▲	●	●	●
小島嶼	●	▲	▲		●	●	×	▲	●	●	●	●
北極域	□	▲	●		●	●	●	●	●	▲	●	●
海に近い都市	×	×	×		×	●	なし	▲	×	●	●	●
地中海沿岸地域	●	×	×		□	●	なし	□	□	●	×	●
山岳地域	●	●	×		▲	▲	×	▲	●	—	●	●

出典：IPCC「第6次評価報告書 第2作業部会 政策決定者向け要約（SPM）」(https://www.env.go.jp/content/900442310.pdf）をもとに作成

気候変動は回避できるか？（IPCCレポート・第3作業部会）

カーボンニュートラル実現のための投資拡大の必要性

平均気温の上昇を1.5℃に抑えるためには、2050年までにカーボンニュートラルを実現する必要があります。IPCCの第3作業部会の報告書では、「それが可能なのか」「どうすれば成し遂げられるのか」などについてまとめられています。

2030年までの取り組みが重要

カーボンニュートラル
化石燃料の燃焼などにより排出したCO₂を、植林などにより吸収することで、CO₂の排出と吸収を一致させること。これにより、大気中のCO₂は増加しないことになる。

ドル /t-CO₂
1トンのCO₂排出を削減するためのコストを示す単位。100ドル/t-CO₂以上の炭素税を課すと、理論的にはコストが100ドル/t-CO₂未満のCO₂排出削減の取り組みが進むことになる。

第3作業部会の報告書では、**2050年までにカーボンニュートラルを実現することは可能**としています。ただ、そのためにはいくつかの条件があり、最も重要なのが2030年までの取り組みです。

報告書では、現在の技術を最大限利用することで、CO_2排出量を半減させることが可能としています。金額では100（ドル/t-CO₂）のコストで削減可能ということです。また、実際に半減させることが、将来のカーボンニュートラルにつながるのです。

代表的な技術としては建物の省エネルギー（省エネ）化があります。断熱性の向上や再エネの利用、空調の最適化などにより、建物のエネルギー収支をゼロにすることができます。また、半減まではいかなくても、**2030年までに43%の削減が必要**です。そして、それを実現することが、何よりも重要ということです。

削減目標の実現に向けた投資の拡大

環境整備
とりわけ投資が必要なのは途上国だが、投資のリスクと機会の評価、途上国のガバナンス、政府の保証など、課題は多い。その結果、必要な投資が進まないということになる。国際社会が協力し、途上国に投資しやすくしていくことが必要。

残念ながら、現在の各国のCO₂削減目標は2030年までに必要な量と比較して大きく不足しています。報告書では、この事実に対し、別の見方をしています。すなわち、**「必要な投資は現状の3〜6倍に及ぶにもかかわらず、実際の投資がなされていない」**という見方です。各国がより高い削減目標をもち、それを実現するための投資拡大を行っていく必要があるということです。

投資先としては、途上国への投資がとりわけ十分でないと指摘されています。実際の投資のみならず、そのための環境整備がなされていないということです。これに加え、各国政府がCO₂排出削減となる法制度を整備していくことが不可欠です。

● 2050年カーボンニュートラルの実現の可能性

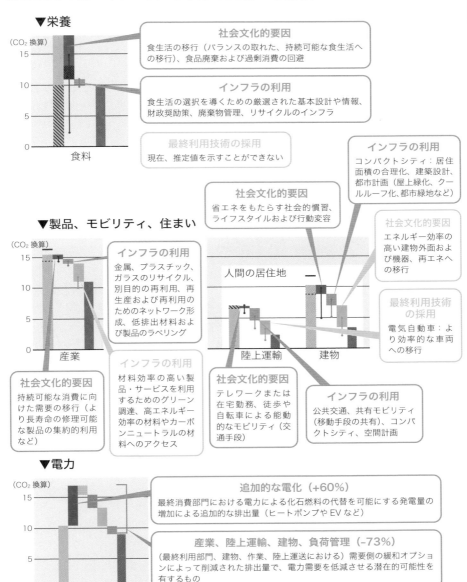

▼栄養

（CO₂ 換算）

社会文化的要因
食生活の移行（バランスの取れた、持続可能な食生活への移行）、食品廃棄および過剰消費の回避

インフラの利用
食生活の選択を導くための厳選された基本設計や情報、財政奨励策、廃棄物管理、リサイクルのインフラ

最終利用技術の採用
現在、推定値を示すことができない

食料

▼製品、モビリティ、住まい

（CO₂ 換算）

インフラの利用
金属、プラスチック、ガラスのリサイクル、別目的の再利用、再生産および再利用のためのネットワーク形成、低排出材料および製品のラベリング

社会文化的要因
持続可能な消費に向けた需要の移行（より長寿命の修理可能な製品の集約的利用など）

インフラの利用
材料効率の高い製品・サービスを利用するためのグリーン調達、高エネルギー効率の材料やカーボンニュートラルの材料へのアクセス

産業

社会文化的要因
省エネをもたらす社会的慣習、ライフスタイルおよび行動変容

インフラの利用
コンパクトシティ：居住面積の合理化、建築設計、都市計画（屋上緑化、クールルーフ化、都市緑地など）

社会文化的要因
エネルギー効率の高い建物外面および機器、再エネへの移行

最終利用技術の採用
電気自動車：より効率的な車両への移行

人間の居住地

陸上運輸　建物

社会文化的要因
テレワークまたは在宅勤務、徒歩や自転車による能動的なモビリティ（交通手段）

インフラの利用
公共交通、共有モビリティ（移動手段の共有）、コンパクトシティ、空間計画

▼電力

（CO₂ 換算）

追加的な電化（+60%）
最終消費部門における電力による化石燃料の代替を可能にする発電量の増加による追加的な排出量（ヒートポンプや EV など）

産業、陸上運輸、建物、負荷管理（−73%）
（最終利用部門、建物、作業、陸上運送における）需要側の緩和オプションによって削減された排出量で、電力需要を低減させる潜在的可能性を有するもの

電力

出典：IPCC「AR6/WG3 報告書の政策決定者向け要約の概要」（https://www.jma.go.jp/jma/press/2204/05a/ipcc_ar6_wg3_a.pdf）をもとに作成

グリーンニューディールとグリーンリカバリー

気候変動対策や生物多様性を意識した投資の拡大

脱炭素社会を構築するためには、再エネや省エネに対する投資が必要です。投資は負担となりますが、政府が積極的な投資を行うことにより、経済を活性化させることもできます。欧米のこうした政策を紹介します。

グリーンニューディールから欧州グリーンディールへ

バラク・オバマ
2009年から2期にわたり米国大統領を務めた。再エネの開発推進やスマートグリッド（IT化された送電網）の普及など、独自のエネルギー政策を掲げ、気候変動対策に積極的だった。

ドナルド・トランプ
2017年から米国大統領を務めた。気候変動問題に懐疑的で、化石燃料産業を擁護してきた。

ジョー・バイデン
2021年に就任した米国大統領。トランプ大統領時代に離脱したパリ協定に復帰し、インフラ投資法やインフレ抑制法などの気候変動対策を推進させる。

欧州グリーンディール
気候変動対策だけではなく、循環型経済（サーキュラーエコノミー）も意識したもの。

「グリーンニューディール」という言葉が広まったのは、2008年の米国大統領選挙におけるオバマ大統領候補のエネルギー政策からです。元来のニューディール政策は、1930年代に米国のルーズベルト大統領が世界恐慌から脱却するためにとった政策です。政府が積極的に投資を行い、経済を活性化させるというものです。

グリーンニューディールは、**再エネなどへの積極的な投資を通じて米国経済を活性化させる**目的のものです。それには、脱炭素に向けた新しい産業を育てるという狙いもあります。この政策はトランプ大統領時代に停滞したものの、バイデン大統領には受け継がれ、実質的な気候変動対策法の制定などが進められています。

一方、欧州では、パリ協定が目指す**2050年カーボンニュートラルの実現を目指し**、欧州グリーンディール**を成長戦略として進めています。**エネルギーの脱炭素化、建物の省エネ化、産業のグリーン化、交通の再エネ化と電化などが進められています。

グリーンリカバリーの推進

2019年末からの新型コロナウイルス感染拡大により、世界経済は大きな打撃を受けました。このとき、化石燃料の消費量も大きく減少しました。コロナ危機後の経済復興にあたり、従来のように化石燃料を消費するのではなく、**気候変動対策、生物多様性、循環型経済を意識して投資を進める**のが「グリーンリカバリー」です。生物多様性が重視されるのは、新型コロナウイルスが森林伐採などの自然環境の破壊により、ほかの生物の生息地が失われたために発生したと考えられていることにつながっています。

⊙ 欧州グリーンディールの概要

グローバル・リーダー
としての EU

欧州気候協定
（さまざまな主体の自主的取り組み）

EU の 2030 年・2050 年の
気候野心を向上

汚染ゼロの野心で
非有毒環境を実現

クリーンで低価格、安全保障に
資するエネルギーの供給

持続可能な未来に
向けて EU の
社会経済を変革

生態系や生物多様性の
保全・修復

クリーンでサーキュラーな
社会に向けて産業界を動員

農場から食卓まで、公平で健康かつ
環境に優しい食品システム

エネルギー効率・資源効率
に優れた建設・改修

持続可能でスマートな
モビリティへのシフトを加速

変革に必要な投資

誰も取り残さない
（公正な移行）

出典：欧州委員会「COMMUNICATION FROM THE COMMISSION 〜 The European Green Deal 〜」
（11.12.2019）をもとに作成

ⓘOne Point

グリーン成長戦略

　日本でも 2021 年 6 月に「グリーン成長戦略」が、当時の菅政権のもとで策定されました。内容は、再エネ、水素・アンモニア、原子力、電気自動車、カーボンリサイクルなど、2050 年に向けて成長が期待される 14 の重点分野を選定したものです。その後、岸田政権において、グリーンエネルギーに関する有識者懇談会が設置され、再エネの開発促進や原子力の新増設についての議論が進められています。

脱炭素に取り組むことは
SDGsの課題に取り組むこと

気候変動問題だけが深刻な問題というわけではありません。環境問題以外にも、社会的な課題はたくさんあります。問われているのは地球環境や人間社会が「持続可能かどうか」であり、その実現のための目標としてSDGsが採択されました。

SDGsは持続可能な世界を目指すための目標

SDGs
MDGsの評価と反省のうえ、持続可能な世界を実現するための課題は先進国とともに解決すべきものとして、17のゴールと169のターゲットで構成されている。気候変動問題をはじめ、循環型社会や生態系の保全、教育、ジェンダー、まちづくりなど、日本を含めた先進国でも取り組むべき課題は多い。

SDGs（持続可能な開発目標）は、2015年9月の国連サミットで採択された、**2030年までに持続可能でよりよい世界を目指す**ための国際目標です。前身となるMDGs（ミレニアム開発目標）の反省のうえに作成されたもので、普遍的な内容となっており、「誰一人取り残さない」ことなどが理念に盛り込まれています。

環境問題はもちろん、貧困や教育、ジェンダーなどの社会問題を放置していては、社会は「持続可能」とはいえません。しかし、こうした問題は途上国のみならず、先進国でも解決されないまま現在に至っています。そこで、SDGsという目標を設定し、企業などの取り組みを促進することにしたのです。**企業においても「持続可能な企業」であるために取り組みが必須**と考えられています。

SDGsと気候変動対策の関係性

MDGs
2000年9月の国連サミットで採択された目標。主に途上国を念頭に貧困や飢餓の撲滅など、8つのゴールを設定したもの。2015年までに一定の成果を上げたものの、多くの課題は残り、先進国も同様の課題を抱えていることが明らかとなってSDGsに引き継がれた。

気候変動対策はSDGsのゴールの1つとされています。また、クリーンなエネルギーをすべての人に提供することもゴールの1つです。このように、脱炭素とSDGsは関係が深いものなのです。

そのほかのゴールも気候変動対策につながっています。たとえば、気候変動の影響を最も受けやすいのは貧困な人々や女性、若者です。また、先住民族の暮らしにも影響を与えます。生物多様性の問題とも密接に関係しており、自然環境の保全は気候変動を緩和します。また、教育やまちづくりなども、気候変動対策につながり、地域の人々を含めたパートナーシップも問題解決に欠かせません。このように、脱炭素に取り組むということは、SDGsに象徴される幅広い課題について取り組むことといえるでしょう。

● SDGsの17の目標

SUSTAINABLE DEVELOPMENT G⊙ALS

※本書の内容は国連によって承認されたものではなく、国連またはその職員や加盟国の見解を反映するものではありません。

出典：国際連合広報センター（https://www.un.org/sustainabledevelopment/）

● SDGsの特徴

普遍性	先進国を含め、すべての国が行動
包摂性	人間の安全保障の理念を反映し、「誰一人取り残さない」
参画型	すべてのステークホルダーが役割を
統合性	社会・経済・環境に統合的に取り組む
透明性	定期的にフォローアップ

出典：外務省「持続可能な開発目標（SDGs）達成に向けて日本が果たす役割」をもとに作成

ⓘ One Point

SDGsウォッシュに注意

　かつて「グリーンウォッシュ」という言葉がありました。森林破壊などの環境問題を引き起こしている企業が表面的に取り繕うために、CO_2削減や再エネ利用を行うというものです。こうした企業の姿勢は厳しく批判されてきました。近年は環境問題のみならず社会問題などまで広がり、社外取締役に限った女性の登用など、SDGsのゴールの一部のみに対応するようなケースも見受けられます。こうした企業の行動が「SDGsウォッシュ」という言葉で非難されています。

気候変動枠組条約に基づく締約国会議で国際交渉を実施

地球環境の問題は1つの国で解決できるものではないため、国際的な交渉が必要とされます。現在、国連の気候変動枠組条約のもと、年1回の締約国会議をはじめとする交渉が続けられています。

気候変動枠組条約
1992年に国連総会で採択され、1994年に発効されている。

京都議定書
1997年のCOP3で採択され、2005年に発効された議定書。2008～12年（第1約束期間）の5年間の先進国と東欧諸国の温室効果ガス排出削減などを規定した。ただ、米国は参加していない。削減目標のほか、排出量取引などの市場メカニズムを使った排出削減の方法も規定した。第2約束期間は2013～20年で、日本は参加していない。

パリ協定
2015年に採択され、2016年に発効されている（P.30参照）。

ESG投資
E（環境）、S（社会）、G（企業統治＝ガバナンス）を重視した投資。環境問題への取り組みや人権への配慮など、非財務情報も企業の価値として評価する（2-12参照）。

若者の姿
スウェーデンのグレタ・トゥーンベリ氏などに代表される。

気候変動枠組条約に基づきCOPを開催

気候変動枠組条約は、**大気中の温室効果ガスの安定化を目的とした国際条約**で、毎年、締約国会議（COP）が開催されています。日本では1997年に京都会議（COP3）が開催され、京都議定書が採択されました。現在のCO_2削減の枠組みはパリ協定のものです。

交渉内容では**「CO_2の削減目標」と「資金・技術供与」が主要なテーマ**といえます。ただ、各国とも経済への影響を最小限にすることなども視野にあり、削減目標を簡単に引き上げられません。また、途上国がCO_2排出を抑制しつつ発展するためには、資金や技術の支援が必要ですが、先進国の財政事情などで支援が滞りがちです。途上国にとっては、気候変動の原因をつくってきたのは先進国であり、それにより不利益を被るのは納得できないでしょう。こうした事情で、交渉はしばしば膠着しています。

COPの新たな主役

近年、**COPの主役になりつつあるのが金融業界**です。損害保険業界では、気候変動により支払いが増加しています。また業界全体では、ESG投資などの持続可能な事業への投資を進めることが共通認識となっていますが、進展しない国際交渉がリスクとなります。そのため、金融業界がロビー活動をする一方、COP会場でさまざまなイベントを通じて気候変動問題の解決を訴えています。

もう1つの主役は若者です。COPには、さまざまな国際NGOが参加していますが、とりわけ若者の姿が目立つようになりました。若者にとって将来の気候変動問題はより深刻なものであり、その訴えは怒りに近いものになっています。

➡ 気候変動枠組条約とパリ協定との関係

国連気候変動枠組条約 (UNFCCC)

全国連加盟国（197 か国・地域）が締結・参加
- ● 大気中の温室効果ガス濃度の安定化が究極の目的
- ● 全締約国の義務：温室効果ガス削減計画の策定・実施、排出量の実績公表
- ● 先進国の追加義務：途上国への資金給与や技術移転の推進など
- ● CBDRRC（Common But Differentiated Responsibilities）の考え方
  → 先進国は途上国に比べて重い責任を負うべき

条約の目的を達成するための具体的枠組み

京都議定書（2020 年までの枠組み）

- ● UNFCCC 締約国のみ署名・締結可能
  （議定書 24 条・25 条）
- ● UNFCCC を脱退すれば、京都議定書も脱退
  （議定書 27 条）

- ● 先進国（附属書 I 国）のみ条約上の数値目標を伴う削減義務
  ・2001 年：米国離脱宣言
  ・2002 年：日本批准
  ・2005 年：京都議定書発効
- 【第一約束期間】（2008 年〜 2012 年）
  ・日本、EU、ロシア、豪州などに数値目標
  ・カナダは 2012 年に議定書自体から撤退
- 【第二約束期間】（2013 年〜 2020 年）
  ・EU、豪州などに数値目標
  ・日本、ロシア、ニュージーランドは不参加

パリ協定（2020 年以降の将来枠組み）

- ● UNFCCC 締約国のみ署名・締結可能
  （協定 20 条・21 条）
- ● UNFCCC を脱退すれば、パリ協定も脱退
  （協定 28 条）

- ● すべての国に削減目標提出義務
  ・2015 年 11 月：COP21 パリ協定採択
  ・2016 年 4 月：日本署名
  ・2016 年 11 月：パリ協定発効
  ・2016 年 5 月〜：パリ協定特別作業部会（APA）などにおいて UNFCCC 全加盟（197 か国・地域）によりパリ協定の実施指針（案）を交渉開始
  ・2018 年 12 月：実施指針の採択（市場メカニズムを除く）
  ・2020 年 12 月：6 条市場メカニズムの合意

出典：資源エネルギー庁「あらためて振り返る、「COP26」（前編）（2022-03-03）」をもとに作成

❶ One Point

共通だが差異ある責任

　気候変動問題の国際交渉をするうえで、重要な概念の１つが「共通だが差異ある責任」というものです。気候変動問題については、先進国も途上国も責任がありますが、「歴史的により多くを排出してきた先進国に大きな責任がある」ということです。したがって、京都議定書では先進国のみが削減目標をもちました。また、先進国が資金や技術の供与を行う背景にもなっています。現在は、現役世代以上と若者との間で、世代間の「共通だが差異ある責任」が問われています。

パリ協定

パリ協定により CO₂排出の削減目標を規定

現在の CO₂ 排出の削減目標を規定しているのはパリ協定です。京都議定書とは異なり、すべての国に対して削減目標が決められています。また、目標設定は各国が自主的に決めたうえで互いにレビューすることになっています。

パリ協定による平均気温上昇1.5℃以下への抑制

パリ協定
削減目標のほか、京都議定書を引き継いだカーボンクレジット（市場メカニズム）や、森林などの CO₂ の吸収源なども規定されている。

1.5℃特別報告書
IPCC が国連の要請で取りまとめた報告書。平均気温上昇が 1.5℃の場合と 2℃の場合の比較検討がまとめられている。1.5℃と 2℃では気候変動の影響は大きく異なり、1.5℃以下を目標とする根拠となっている。

5年ごとに全体を見直す
世界全体の CO₂ 削減などの取り組みの進捗状況を確認するプロセスで、グローバルストックテイクと呼ばれる。次期の各国の NDC 策定の根拠ともなる。次期目標は 2025 年に策定される予定で、2022 年から作業が開始されている。

パリ協定は、2015 年の COP21（パリ会議）で採択され、2016 年に発効されました。当初は、平均気温上昇を 2℃未満にすることが目標でしたが、2018 年公表の IPCC の「1.5℃特別報告書」を反映し、**現在では 1.5℃以下が目標**となっています。

特徴としては、先進国だけではなく**途上国にも削減目標を課している**ことです。ただ、削減目標は NDC（国が決定する貢献）と呼ばれ、必ずしも数値目標ではなく、「どのような政策措置をとるか」といった内容も含まれます。NDC は各国が自主的に決め、5 年ごとに全体を見直すことになっています。また、各国の目標や進捗は国どうしで互いにレビューすることになっており、このレビューにより適切な削減目標を決めるしくみとなっています。

残念ながら、**各国の現在の NDC をすべて足し合わせても 1.5℃以下の抑制は難しく、削減目標の上積みが必要**とされています。

「適応」と「損失と被害（ロス＆ダメージ）」

パリ協定で注目されるようになった項目に「適応」と「損失と被害」があります。パリ協定の目標は、平均気温上昇を 1.5℃以下に抑制することです。これは、ある程度の気候変動は避けられないことが前提であり、**気温上昇や海面上昇などに適応するための取り組み**も推進する必要があります。また、気象災害が頻発すれば、さまざまな損害が出ます。こうした**損害を回避あるいは補償するしくみ**も必要になります。いずれも、主に途上国が対策を必要としており、その資金などは先進国からの負担が求められています。そのため、先進国の資金拠出が新たな争点となっています。

➡ パリ協定の構造

国際社会全体で温暖化対策を着実に進めるしくみ

①グローバルストックテイク：長期目標達成に関する世界全体の進捗状況の確認
②途上国への支援（資金、技術）の促進

長期目標の設定

・産業革命前からの平均気温上昇を 2℃未満に抑える（1.5℃にも言及）
・できるだけ早くピークアウト
・今世紀後半に人為起源の GHG 排出を正味ゼロにする

**すべての国による長期目標の
実現に向けた温暖化対策**

各国における温暖化対策の強化

①温暖化対策（排出削減策と適応策）の強化
　・5 年ごとに温暖化対策に関する目標を見直し・提出
　・提出した目標の達成を目指して国内で温暖化対策をとる
　・前の期よりも進展させた目標を掲げる
②モニタリング・報告・検証（温暖化対策に関する情報の取りまとめ）
③先進国＋能力のある国による途上国への資金・技術支援

出典：国立研究開発法人 国立環境研究所「パリ協定と今後の温暖化対策（2016 年 8 月 31 日）」をもとに作成

❗One Point

パリ協定と市場メカニズム

　京都議定書では、「京都メカニズム」と呼ばれる市場メカニズムが導入されましたが、パリ協定でも同様のしくみが導入されています。これは、二国間で温室効果ガス排出削減プロジェクトを実施し、カーボンクレジット（P.62 参照）を分配するしくみと、国連による管理下で排出削減プロジェクトを実施し、カーボンクレジットを認証するしくみの 2 つがあります。とはいえパリ協定では、排出削減の目標を各国が自主的に決めることから、各国の市場メカニズムへの関心は高いとはいえません。そうしたなか、日本は二国間クレジットメカニズム（JCM）を多くの国と締結し、カーボンクレジットを自国の排出削減の一部として使う方針です。

SECTION 11

削減目標との差を埋めるための
カーボンニュートラルの必要性

パリ協定の CO_2 排出削減目標が 1.5℃以下の抑制と認識され、多くの国が 2050 年以前の
カーボンゼロ、あるいはカーボンニュートラルを目指すことを宣言しました。一方、現在の
各国の削減目標はまだ十分ではありません。

削減目標とのギャップ

パリ協定では、すべての国が CO_2 排出削減目標を事務局に提出しています。**最初に提出された削減目標は、すべて足し合わせても気温上昇2℃未満の抑制には到底足りない量**でした。2021 年には、各国は 2050 年カーボンニュートラルの実現を念頭に、削減目標を修正していますが、まだ削減量が不足しています。

IPCC 報告書では、2050 年カーボンニュートラルの実現には 2030 年までに 43％以上の削減が必要とされていますが、それに及びません。たとえば、**日本の削減目標は 2013 年比 46％**ですが、2013 年は原発事故の影響で火力発電所からの CO_2 排出量が増加した年であり、また先進国は平均以上の CO_2 を排出しているので、より削減量を多くしないと途上国の削減量をカバーできません。今後も、排出削減目標の上積みを目指す国際交渉が続きます。

カーボンゼロとカーボンニュートラル

平均気温上昇 1.5℃以下を実現するためには、2050 年カーボンニュートラルが必要と考えられています。ここで、カーボンゼロとカーボンニュートラルの言葉の違いを説明しておきます。

カーボンゼロは CO_2 排出ゼロを意味します。つまり、植林などの CO_2 吸収を含めずに、化石燃料消費をゼロにすることです。一方、カーボンニュートラルは、CO_2 排出があっても、DACCS（大気中の CO_2 直接回収・貯留）などの CO_2 **排出を減らす技術（カーボンマイナス技術）を使って相殺する**ことです。現在、2050 年時点で化石燃料消費をゼロにできないため、CO_2 排出を吸収する技術も開発していくことが世界各国の認識です。

到底足りない量
CO_2 排出量にすると、10 億トン（1 Gt）どころか 100 億トン以上も足りないという試算もあった。このギャップをギガトンギャップという。

途上国の削減量
たとえば、中国の排出削減目標は、GDP あたり 60 ～ 65％削減だが、大幅な経済成長が見込まれるため、実質的な削減量はわずかなものとなる見込み。

カーボンマイナス技術
大気中の CO_2 を除去する効果のある技術。カーボンネガティブ技術ともいう。カーボンニュートラルに向け、省エネや再エネからのカーボンクレジット（P.110 参照）の発行が減少し、カーボンマイナス技術によるカーボンクレジットのみが流通することになる。

➡ 主要各国の2030年のCO₂排出削減目標

国・地域	2030年目標	2050年ネットゼロ
日本	−46%（2013年度比） さらに50%の高みに向け、挑戦を続けていく	表明済み
アルゼンチン	排出上限を年間3.59億トン	表明済み
オーストラリア	−43%（2005年比）	表明済み
ブラジル	−50%（2005年比）	表明済み
カナダ	−40〜−45%（2005年比）	表明済み
中国	・CO₂排出量のピークを2030年より前へ ・GDPあたりCO₂排出量を−65%以上（2005年比）	CO₂排出を2060年までにネットゼロ
フランス・ドイツ・イタリア・EU	−55%以上（1990年比）	表明済み
インド	GDPあたり排出量を−45%（2005年比）	2070年ネットゼロ
インドネシア	−31.89%（BAU比）（無条件） −43.2%（BAU比）（条件付）	2060年ネットゼロ
韓国	−40%（2018年比）	表明済み
メキシコ	−22%（BAU比）（無条件） −36%（BAU比）（条件付）	表明済み
ロシア.	1990年排出量の70%（−30%）	2060年ネットゼロ
サウジアラビア	2.78億トン削減（2019年比）	2060年ネットゼロ
南アフリカ	2026年〜2030年の排出量を3.5〜4.2億トンに	表明済み
トルコ	最大−21%（BAU比）	−
英国	−68%以上（1990年比）	表明済み
米国	−50〜−52%（2005年比）	表明済み

※ BAU比：BAUはBusiness As Usualの略で、特に対策を行わない自然な状況に比べての効果を表す
出典：外務省「気候変動 日本の排出削減目標」をもとに作成

➡ 日本の2030年目標に向けた温室効果ガスの削減量

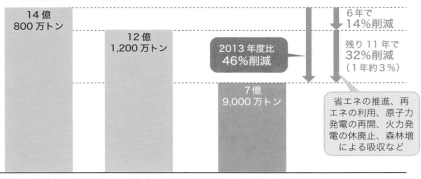

温室効果ガスの排出

14億800万トン

12億1,200万トン

2013年度比 46%削減

7億9,000万トン

6年で14%削減

残り11年で32%削減（1年約3%）

省エネの推進、再エネの利用、原子力発電の再開、火力発電の休廃止、森林増による吸収など

2013年度実績　2019年度実績　2030年度目標

国際エネルギー機関が指摘する再エネ投資の重要性

エネルギー需給の報告書として影響力のあるものに、国際エネルギー機関が毎年発行する「エネルギーアウトルック」があります。石油業界を背景とした保守的な報告書ですが、それでも近年は再エネが主役と断言しています。

エネルギーの主役は石油から再エネに

石油危機
1970年代に発生した原油の需給ひっ迫と高騰。1973年の第一次石油危機は第四次中東戦争、1979年の第二次石油危機はイラン革命がきっかけとなった。石油危機を契機に省エネや石油代替エネルギーの開発が推進されるようになった。

経済協力開発機構（OECD）
第二次世界大戦後、欧州経済を復活させるため、1948年に設立された欧州経済協力機構が母体。1961年に発展的に改組され、現在の組織となった。北米だけでなく、南米や日本を含むアジアにも加盟国を広げている。

ゼロエミッション
排出量ゼロのこと。ここではCO_2排出ゼロを指す。

ネットゼロ
CO_2を排出しても、ほかの手段でCO_2を吸収することで、全体としてCO_2排出ゼロにすること。カーボンニュートラルと同じ意味。

国際エネルギー機関（IEA）は、石油危機の経験から、経済協力開発機構（OECD）加盟国によって設立された機関です。さまざまな報告書がありますが、代表的なものに毎年秋に発行する「エネルギーアウトルック」があります。かつては気候変動問題に前向きではないIEAでしたが、世界の潮流の変化から**2050年カーボンニュートラルを実現するシナリオを検討する**ようになり、2020年の「エネルギーアウトルック2020」では「石油に代わって太陽光発電がエネルギーの王様になる」と表現しました。石油業界寄りの機関でも気候変動対策を重視するようになったことは、エネルギー業界にインパクトを与えました。

IEAのネットゼロのシナリオと投資

エネルギーアウトルックではCO_2排出について、いくつかのシナリオを提示しています。右図はゼロエミッションのシナリオです。電力の脱炭素化は急速に進む一方、**産業部門と運輸部門の脱炭素化は少し時間がかかる**と見込まれています。また、とりわけ産業部門では化石燃料消費をゼロにできませんが、その分はCO_2を除去する技術で相殺するというシナリオになっています。

IEAは現状、ネットゼロは難しいと警告しています。ネットゼロ達成に向け、**圧倒的に不足しているのが投資**です。今後、新規の油田やガス田への投資は抑制し、再エネへ投資すべきとしており、これを促進することでネットゼロ達成の可能性はまだ残されていると考えられています。ただ、化石燃料への投資抑制が、短期的なエネルギー需給のひっ迫につながっているのも事実です。

● CO₂排出量の部門別内訳とゼロエミッションのシナリオ（2010-2050年）

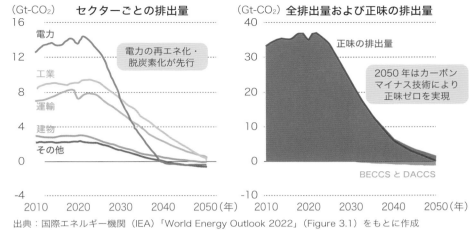

（Gt-CO₂）　セクターごとの排出量

電力

電力の再エネ化・脱炭素化が先行

工業

運輸

建物

その他

（Gt-CO₂）　全排出量および正味の排出量

正味の排出量

2050年はカーボンマイナス技術により正味ゼロを実現

BECCS と DACCS

出典：国際エネルギー機関（IEA）「World Energy Outlook 2022」（Figure 3.1）をもとに作成

● IEAのシナリオに対応した世界のエネルギー投資

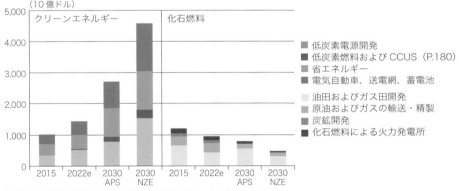

（10億ドル）

クリーンエネルギー　　化石燃料

■ 低炭素電源開発
■ 低炭素燃料および CCUS（P.180）
■ 省エネルギー
■ 電気自動車、送電網、蓄電池
■ 油田およびガス田開発
■ 原油およびガスの輸送・精製
■ 炭鉱開発
■ 化石燃料による火力発電所

2015　2022e　2030 APS　2030 NZE　2015　2022e　2030 APS　2030 NZE

※ APS は現行政策によるシナリオ、NZE はネットゼロのシナリオ
出典：国際エネルギー機関（IEA）「World Energy Investment 2022」をもとに作成

❗One Point

グリーンフレーション

　化石燃料の生産に対する新規投資を抑制したことで、需給がひっ迫し、エネルギー価格が上昇しています。その結果、不況とインフレが同時に起こるスタグフレーションも引き起こしています。これは、脱炭素化に伴って発生するため、「グリーンフレーション」といわれます。また、ロシアによるウクライナ侵攻により、この傾向はさらに強まっています。

TCFD（気候関連財務情報開示タスクフォース）

TCFDへの賛同により
企業に求められる気候変動対策

企業が気候変動対策に取り組む理由は、社会貢献だけではありません。むしろ、金融機関から高評価を得る目的が大きいでしょう。特に日本のプライム市場上場企業にとっては、TCFD基準の取り組みが必須になっています。

TCFDとは

金融安定理事会（FSB）
金融システムの安定を目的として、主要25か国、その中央銀行、国際通貨基金（IMF）、世界銀行、国際決済銀行（BIS）などによって2009年に設立された機関。

TCFD（気候関連財務情報開示タスクフォース）は、金融安定理事会（FSB）が設置した組織です。2017年に企業が**気候変動のリスクや機会を経営に織り込むこと**の重要性を指摘した報告書を公表しました。企業がTCFDに賛同するということは、この報告書に賛同し、具体的に情報開示に取り組むことを意味します。

リスクと機会
たとえば自動車産業であれば、気候変動対策でガソリン車は排除されるが、電気自動車は市場を開拓する。

気候変動は企業にとってリスクであると同時に機会でもあります。気候変動の潮流を分析し、戦略を立案したうえでリスクと目標を管理していくことが、企業の評価につながります。金融機関が企業を評価するためには企業の情報開示が必要であり、企業が高評価を得るためには積極的な取り組みが求められます。

積極的な取り組み
日本の企業の場合、多くはガバナンス構築から着手する必要がある。具体的には、気候変動対策を経営課題として位置付け、取締役会などのコミットメントが求められている。

株式市場の再編による気候変動問題への対応

東京証券取引所
日本証券取引所グループにおいて日本最大の証券取引所。2022年4月に改組され、それまでの東証一部、東証二部、JASDAQ、マザーズなどの市場は、上場基準の異なるプライム、スタンダード、新興企業を対象としたグロースの3つの市場に再編された。

2022年12月時点で、世界では4,075の企業・機関がTCFDに賛同しており、うち日本の企業・機関は1,158です。TCFDが日本で注目されるようになった理由の1つは、東京証券取引所における株式市場の再編です。区分を新しくしたことに伴い、ガバナンスの強化や流動性の確保などの強い要件が求められ、同時に**TCFDに準じるレベルでの気候変動への対応も盛り込まれた**のです。これにより、プライム市場の上場企業は、気候変動対策についての情報開示、あるいは行わない場合はきちんとした説明が求められるようになりました。なお、スタンダード市場やグロース市場の上場企業も、必須ではありませんが、取り組むことが推奨されています。大切なことは、TCFDに賛同することではなく、持続可能な企業としての取り組みを進めていくということです。

➡ TCFDの提言とそれを支援する推奨開示

ガバナンス	戦略	リスクマネジメント	指標と目標
気候関連のリスクと機会に関する組織のガバナンスを開示する。	気候関連のリスクと機会が組織の事業、戦略、財務計画に及ぼす実際の影響と潜在的な影響について、その情報が重要（マテリアル）な場合は、開示する	組織がどのように気候関連リスクを特定し、評価し、マネジメントするのかを開示する。	その情報が重要（マテリアル）な場合、気候関連のリスクと機会を評価し、マネジメントするために使用される組織と目標を開示する。

推奨開示	推奨開示	推奨開示	推奨開示
(a) 気候関連のリスクと機会に関する取締役会の監督について記述する。 (b) 気候関連のリスクと機会の評価とマネジメントにおける経営陣の役割を記述する。	(a) 組織が特定した、短期・中期・長期の気候関連のリスクと機会を記述する。 (b) 気候関連のリスクと機会が組織の事業、戦略、財務計画に及ぼす影響を記述する。 (c) 2℃以下のシナリオを含む異なる気候関連のシナリオを考慮して、組織戦略のレジリエンスを記述する。	(a) 気候関連リスクを特定し、評価するための組織のプロセスを記述する。 (b) 気候関連リスクをマネジメントするための組織のプロセスを記述する。 (c) 気候関連リスクを特定し、評価し、マネジメントするプロセスが、組織の全体的なリスクマネジメントにどのように統合されているかを記述する。	(a) 組織が自らの戦略とリスクマネジメントに即して、気候関連のリスクと機会の評価に使用する指標を開示する。 (b) スコープ1、スコープ2、該当する場合はスコープ3の温室効果ガス排出量、および関連するリスクを開示する。 (c) 気候関連のリスクと機会をマネジメントするために組織が使用する目標、およびその目標に対するパフォーマンスを記述する。

出典：気候関連財務情報開示タスクフォース（TCFD）「気候関連財務情報開示タスクフォースの提言の実施」（図6）をもとに作成

❗ One Point

TNFDとTSFD

　持続可能な社会を実現するためには、気候変動問題にだけ取り組めばいいというわけではありません。生物多様性や人権問題など、さまざまな課題に対応していくことが求められます。そして、金融機関もそれらの課題への対応を積極的に評価していく傾向にあります。その1つがTNFD（自然関連財務情報開示タスクフォース）です。これは、自然環境や生物多様性などに着目した取り組みと情報開示を促すもので、2023年に報告書が公表される予定です。さらに、2023年には人権問題などを扱うTSFD（社会関連財務情報開示タスクフォース）の設立の提言がIASBで検討されています。

企業の気候変動対策を先導する 金融系NPOと環境イニシアチブ

TCFD は企業の気候変動対策の推進に大きな影響を与えましたが、それ以前から情報開示を求めていた金融系の国際 NPO が、CDP です。一方、企業の脱炭素化を推進する環境イニシアチブも拡大しています。

CDPは情報開示を担う国際NPO

CDP
設立当時はカーボン・ディスクロージャー・プロジェクトという名称だったが、気候変動対策以外に水環境や森林の保全などに取り組むようになり、名称を改めた。

CDP は、2000 年に英国で設立された国際 NPO です。現在では**環境に関する情報開示のグローバルスタンダード**となっています。CDP では、企業に質問票を送付し、気候変動対策などの取り組みについて回答を求めるという手法をとっています。質問内容は多岐にわたり、業種ごとに異なっていて、近年では TCFD と整合した内容になっています。回答は金融機関が企業を評価するための情報などに活用され、D⁻〜 A の**8段階**で評価されます。

環境問題に取り組む組織である環境イニシアチブ

8段階
環境問題の解決へのリーダーシップ (A, A⁻)、環境問題によるリスクや影響のマネジメント (B, B⁻)、環境問題が自社にどのような影響をもたらすかの認識 (C, C⁻)、情報開示と現状把握 (D, D⁻) の8つの段階で評価される。

企業が環境問題に取り組む際、まずは**それを先導する団体を設立し、そこに加盟する**ことがあります。その団体を「イニシアチブ」と呼びます。気候変動対策のイニシアチブには「SBTi」や「RE100」などがあります。SBTi は、気候変動対策として SBT（科学的根拠に基づく目標）に沿った平均気温上昇を2℃未満、ないし 1.5℃以下にすることに相当する対策をとるイニシアチブです。そのため、SBT に基づいたシナリオの作成が必須です。RE100 は、使用するエネルギーを再エネ 100％にすることを目標にしています。このほか、エネルギー効率を2倍にする「EP100」、電気自動車の利用を推進する「EV100」などのイニシアチブもあります。

IFRS 財団
国際財務報告基準 (IFRS) の策定を担う NPO。各国の異なる会計基準を統一するため、国際会計基準審議会 (IASB) が IFRS を策定した。日本では決算などで IFRS に準拠するのは任意であるが、取り入れる企業が増えている。

日本独自のイニシアチブとしては、脱炭素化を企業の視点で推進する「日本気候リーダーズ・パートナーシップ（JCLP）」、中小企業・自治体版の RE100 ともいえる「RE Action」などがあります。企業はこうしたイニシアチブに参加することで、**目標設定を行い、情報交換を通じて取り組みを加速させる**ことができます。

➡ ジャパン500（日本のトップ500企業）回答数の推移

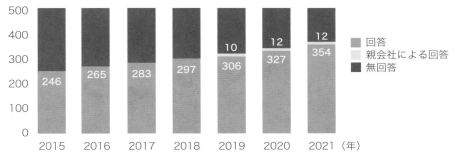

※ 2018年以前の回答企業数には、親企業による回答も含まれる
出典：CDP「CDP気候変動レポート 2021：日本版」（2022年4月）（Figure 1）をもとに作成

➡ ジャパン500（日本のトップ500企業）スコアの分布

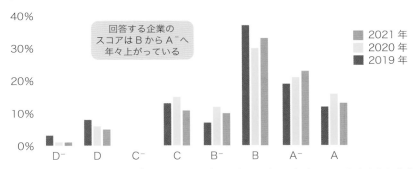

出典：CDP「CDP気候変動レポート 2021：日本版」（2022年4月）（Figure 2）をもとに作成

🔔 One Point

非財務情報とIFRS財団、ISSB

　CDPが扱う環境関連の情報は「非財務情報」と呼ばれています。CO_2 排出量などは会計情報には現れませんが、こうした情報にも国際会計基準を適用しようというのが世界の潮流です。国際財務報告基準（IFRS）を扱う IFRS財団では、非財務情報の国際会計基準の策定を進めるため、「国際サステナビリティ基準審議会（ISSB）」を設置しています。また CDP では、2024年からの企業の評価にあたり、ISSB が策定する基準に基づくプラットフォームを使用するとしています。

環境NGOと若い世代

将来の深刻な危機に対して気候変動対策に取り組む組織

気候変動対策をリードしているグループの1つが環境NGOです。政府とは異なる立場で気候変動問題の解決を訴え、提案し、大きな影響を与えてきました。そして近年は、若い世代の活躍が目立つようになっています。

さまざまな種類がある国際的な環境NGO

グリーンピース
日本を含む世界55以上の国と地域で活躍する国際環境NGO。気候変動のほか、生態系や森林の保全、原子力問題などに取り組む。

WWF（世界自然保護基金）
100か国以上で活躍し、「人類が自然と調和して生きられる未来」を目標として掲げる国際環境NGO。生態系保全の取り組みを中心に、気候変動問題や海洋プラスチック問題などにも取り組む。

CAN（気候行動ネットワーク）
130か国1,800以上の市民社会組織で構成される、世界最大の気候変動問題のネットワーク。

Fridays For Future（FFF）
トゥーンベリ氏の学校ストライキをきっかけに始まった運動。気候危機への対策を世界に求めている。各地でオーガナイザーと呼ばれる運営委員が人を束ね、運動を推進する。

気候変動問題の解決に向け、多くの環境NGO（非政府組織）が活躍しています。一般的に市民団体といわれることがありますが、グローバルな課題に対応する国際組織は少なくありません。また、政府や企業と異なり、**自国や事業の利益などにとらわれず、課題解決の提案ができる**ことが、存在価値を高めています。

代表的な環境NGOには、自然保護を訴える**グリーンピース**や**WWF（世界自然保護基金）**などのほか、気候変動問題にフォーカスした**CAN（気候行動ネットワーク）**などがあります。たとえば、COPで話題になる化石賞はCANが与えています。また、化石燃料からの投資の撤退（ダイベストメント）を求めることにフォーカスした環境NGOである350.orgなどもあります。

活躍する若い世代

近年はグレタ・トゥーンベリ氏（P.28参照）に代表される若い世代の活躍も目立っています。トゥーンベリ氏の呼びかけで、国際的な運動「Fridays For Future（FFF）」も広がっています。

1990年代の環境NGOの活動は、どちらかといえば理念的な正義を追求してきた傾向がありました。具体的には「次世代に美しい地球を残す」ということです。しかし、現在の若い世代には、**自らの将来にとっての深刻な危機である**ため、より強い怒りを伴った正義を主張する傾向があります。また、気候変動問題は、若い世代だけではなく、女性や先住民族などに大きな影響を与えます。脱炭素化の取り組みについても、こうした人々に対する視点をもつことがとりわけ重要になってくるでしょう。

● NGOの活動とステークホルダーとのコミュニケーション

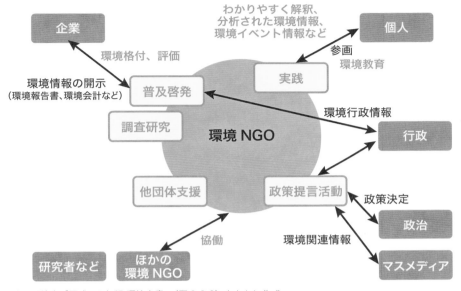

出典：環境省「平成13年版 環境白書」（図 3-2-8）をもとに作成

❶ One Point

NGOとNPO

　NGOとNPOは混同されやすい言葉ですが、NGOは「非政府組織」、NPOは「非営利組織」の略です。NPOは、日本では法人格をもつことができます。環境NGOには、NPO法人として認定されている組織も少なくありませんが、公益財団法人など別の法人格をもつNGOもあります。

実感しにくい気候変動問題

長期の問題を考える重要性

近年は日本でも、大型台風や線状降水帯の発生など、異常気象が増えています。それでも多くの人にとって気候変動問題はなかなか実感しにくいのではないでしょうか。2050年にカーボンニュートラルを実現するといっても、それがどのような社会になるのか容易に想像できません。

人間にとって、長期間にわたる問題を考えることは苦手といえるかもしれません。たとえば、日本は少子高齢化が進んでいますが、予測されていたにもかかわらず、十分な対策をとることができませんでした。生物多様性の問題も同様です。急速な勢いでさまざまな生物が絶滅しており、そのスピードは恐竜の絶滅にも匹敵します。ただし、恐竜の絶滅にかかった期間は10万年以上ともいわれています。これは地球の歴史からすれば一瞬ですが、人類の歴史に比べると長い期間です。

環境を元に戻すことは困難

話を戻すと、気候変動問題は50年、100年といった時間軸の問題であると同時に、いったん温暖化してしまうと、なかなか元に戻せないということがあります。それは、現在の出生率の低さが、20年後の労働力人口の減少につながることにも似ています。20年後に出生数が増えても、労働力人口はすぐには増えません。

長い時間軸をもった問題は、人間にとって実感しにくいものですが、それでも十分な想像力があれば対応できると思います。

地層に閉じ込められる人類の記録

最近、「人新世」という、地質学による新しい時代区分が提案されています。100万年後の人々が地質調査をすると、ちょうど私たちの時代にあたる地層から、原発事故による放射性物質や自然界に存在しないプラスチックなどが発見されるはずです。南極の氷中に閉じ込められた空気から、CO_2濃度の急激な上昇がわかることでしょう。

気候変動を含めた環境問題が続けば、地球の歴史のなかで人類が繁栄した一瞬だけが、人新世として記録されることになります。持続可能であるためには、私たちは長い時間軸で地球のことを考える必要があるでしょう。

脱炭素市場に向けた
各国の動向としくみ

気候変動対策には、世界中の国と地域が取り組んでいますが、

先進国と途上国、経済状況、地域性などにより方針が異なります。

また、脱炭素化を促進するための国際的な取り決めやしくみなども

検討されています。ここでは、脱炭素化に向け、各国がどのような

目標を設定し、どのような課題を抱えているのかを分析します。

SECTION 01

国際交渉や政策立案・導入を リードする欧州

これまでの気候変動問題の国際交渉や政策立案・導入などをリードしてきたのは、EU や英国などの欧州諸国でした。ここでは EU 域内の排出量取引制度とそのほかの産業の動向について紹介します。

市場で取引されるEU-ETS

欧州は経済が成熟していることから、**CO_2 排出を相対的に抑制しやすい地域**といえます。それにより気候変動問題の国際交渉や政策立案・導入をリードしてきました。ただ、旧東欧には石炭火力発電所が多く、これらの脱炭素化という課題はあります。

EU の取り組みのうちで重要なものの１つが、**EU 域内排出量取引制度（EU-ETS）**です。かつて EU に加盟していた英国も同様の制度を導入しています。EU-ETS の導入は 2005 年で、対象は発電所をはじめ、鉄鋼やセメントなどのエネルギー多消費産業です。それぞれの事業所に CO_2 の排出枠を割り当て、排出枠が余った事業所は不足している事業所に売ることができます。**排出枠の割り当ては現在、毎年 2.2% ずつ減少する**ようにしています。

排出枠は市場で取引されていますが、ロシアのウクライナ侵攻により石炭の消費が増えたため、排出枠価格は高騰し、2022 年には CO_2 １トンあたり約 100 ユーロになることもありました。

欧州の脱炭素の動向

EU などの**欧州主要国・地域の 2030 年の CO_2 排出削減目標は 1990 年比で 50% を超えて**おり、大胆な政策が導入されています。代表的なものが欧州グリーンディールです。日本で遅れている分野としては、建物の改修が注目されています。改修だけで 40% の削減ができるとされていますが、さらに低所得者が断熱性能の高い住宅に住むことができるような、福祉的な側面もあります。再エネの主力は洋上風力発電へとシフトしていますが、英国やフランスは原子力発電所の新増設（P.84 参照）に意欲を示しています。

EU 域内排出量取引制度（EU-ETS）
CO_2 を排出する事業所に排出枠を割り当てるキャップ・アンド・トレード方式（P.62 参照）の排出量取引制度。排出枠に相当する排出量に抑えるため、事業所は省エネや再エネなどの利用、ないしは他事業所から排出枠の購入を行う。年々、排出枠は縮小され、排出削減が進まないと排出枠の価格は高くなる。

エネルギー多消費産業
事業を通じて多量のエネルギーを消費し、CO_2 を排出する産業全般のこと。発電、鉄鋼、セメントのほか、非鉄金属、紙・パルプ、化学工業など。

欧州グリーンディール
温室効果ガスをゼロにし、人々の幸福と健康を守る成長戦略。「Fit for 55」という政策パッケージ（P.24 参照）。

⮞ 欧州主要国・地域のCO_2排出削減目標

	2030 年の CO_2 排出削減目標（NDC）
EU	1990 年比 55％削減
英国	1990 年比 68％削減
スイス	1990 年比 50％削減
ノルウェー	1990 年比 55％削減

⮞ EUのCO_2排出枠価格の推移（1トンあたりの価格）

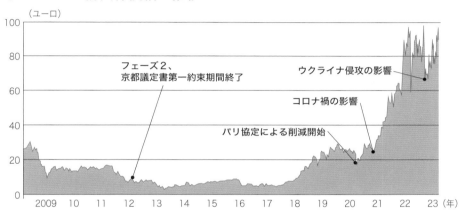

出典：Sandbag の Web ページ（https://sandbag.be/index.php/carbon-price-viewer/）をもとに作成

⮟ One Point

Fit for 55の主な提案

- ・自動車の CO_2 排出量制限を強化する。これにより、2035 年までにガソリン・ディーゼル車の新車販売は実質的に禁止される見込み（カーボンニュートラルな合成燃料の使用を条件として一部存続）
- ・航空燃料に課税するとともに、低炭素の代替燃料を使用した場合に 10 年間の免税措置を実施する
- ・EU 域外からの鉄鋼やセメントなどの輸入について、いわゆる「炭素国境調整措置」を導入する
- ・EU 域内の再生可能エネルギーの拡大目標の強化
- ・エネルギー効率の悪い建物の改修を迅速化するよう、加盟各国に要求

各地で再エネ開発が進み CO₂排出削減50%超を目指す米国

米国は気候変動政策に積極的な民主党政権と消極的な共和党政権の入れ替わりにより、政策そのものがしばしば大きく転換しています。その一方で、企業や自治体など非国家アクターには脱炭素の方針が根づいています。

資源国としての米国とバイデン政権の政策

シェールオイル・ガス
地下のシェール（頁岩）という堆積岩に含まれる石油やガス。特殊な薬品を含んだ水を岩石層に注入し、シェールを破砕して石油やガスを生産する技術が確立されたことで、米国での生産が拡大した。しかし、地下水汚染などの問題があり、開発を禁じている州もある。

インフラ投資法
このなかに981億ドルのエネルギーインフラ関連が含まれる。

インフレ抑制法
法人税の最低税率の15%への引き上げなど、歳入を7,000億ドル以上増やし、主に気候変動対策と医療保険制度改革に支出するというもの。急激なインフレを抑制し、必要な政策にお金を使っていくことになる。

再エネ開発
そのほか、ハワイ州は2045年のカーボンニュートラル実現が目標で、再エネの導入だけではなく、スマートグリッド関連の技術の導入も進んでいる。

米国の CO_2 排出削減目標は **2005年比で50〜52%** です。日本より削減比率が高いですが、1人あたりの CO_2 排出量が極めて大きく、排出削減余地も大きくなっています。

米国は化石燃料の生産国で、とりわけ**シェールオイル・ガス**の開発が進んでから純輸出国となっています。石炭産業も盛んでしたが、**低価格のシェールガスが拡大したことで石炭火力発電所の経済性が悪化**し、結果、CO_2 排出削減につながっています。

米国バイデン政権は、2021年には5年間で約8,600億ドルとなる**インフラ投資法**を議会で可決成立させました。また、2022年に成立した**インフレ抑制法**では、10年で約4,990億ドルが支出されますが、うち約3,690億ドルが気候変動政策に使われます。

We Are Still Inと再エネ開発

米国連邦政府は政権交代のたびに、気候変動政策が大きく変化します。しかし、連邦政府の方針に従っていると、民間企業は脱炭素化の潮流に乗り遅れてしまいます。そこで、一部の民間企業と自治体はトランプ政権時代に**「We Are Still In」という団体をつくり、積極的に脱炭素に取り組んできました。**

米国では**再エネ開発**が比較的進んでいます。たとえばカリフォルニア州は、太陽光発電の導入が非常に進んでおり、日中の電気の多くの部分を賄うまでになっています。夕方以降も電気を共有できるよう、蓄電池の導入も進んでいます。また、陸上風力発電の導入が進んでいるのがテキサス州です。洋上風力発電については、東海岸のマサチューセッツ州沖で開発が進められています。

⬤ インフレ抑制法の主なエネルギー関連支援措置

クリーン電力に対する 税控除 10年で1,603億ドル	クリーン燃料に対する 税控除 10年間で234億ドル	クリーン自動車に対する 税控除・米国郵政公社の調達 10年間で155億ドル
クリーン製造業に対する 税控除・融資・補助金 10年間で403億ドル	多排出製造業に対する 補助金・政府調達 10年間で95億ドル	建物に対する 税控除・還付 10年間で453億ドル
農村における 再エネ電力導入への支援 10年間で126億ドル	気候対応型 (climate-smart) の農業 10年間で153億ドル	温室効果ガス 削減基金 10年間で200億ドル
閉鎖施設などへのファイナンス (再エネ・CCSの導入) 10年間で35億ドル	環境・気候正義のブロック グラント (包括的補助金) 10年間で30億ドル	近隣アクセス・衡平補助金 プログラム 10年間で28億ドル

出典：電力中央研究所「米国『インフレ抑制法案』における気候変動関連投資」を参考に作成

⬤ We Are Still Inに署名した団体数

企業と投資家
2,301

市と郡
294

カレッジ・大学
412

文化施設
87

医療機関
44

宗教団体
947

州
10

部族
12

> We Are Still In は
> 「われわれはパリ協定に残る」
> といった意味で、
> トランプ政権時代の
> パリ協定離脱に
> 対抗する運動を行う

出典：We Are Still In の Web ページを参考に作成

SECTION 03 脱炭素対策の遅れが目立ち 追加政策が必要な日本

日本は2030年のCO$_2$排出削減目標は2013年比で46%です。決して簡単な目標ではないため、今後の追加政策が必要でしょう。上場企業によるTCFDへの対応なども進められていますが、今後注目されるのがGXリーグです。

課題の多い日本の脱炭素対策

固定価格買取制度 (FIT)
太陽光や風力などで発電した電気を、決まった期間（事業用であれば20年間）、決まった価格で買い取る制度。2012年に導入され、事業収入が予見できるため、太陽光発電の急拡大につながった。現在は買取単価が引き下げられる一方、電気を市場で売り、補助額（プレミアム）で補填されるFIP（Feed-in Premium → P.132参照）制度が導入されている。

電力販売契約 (PPA)
Power Purchase Agreement の略で、発電所が需要家と直接契約して電気を供給する契約。屋根上など敷地内に発電所を設置するケースや、離れた場所にある発電所から事業所に送電するケースなどがある。

TCFD
(P.36参照)

日本の脱炭素対策には、いくつかの課題があります。第一に、再エネ普及の政策です。固定価格買取制度（FIT）が事実上終了しましたが、それに代わる政策が十分とはいえず、**特に太陽光発電の新規導入が減少しています**。米国は電力販売契約（PPA）により再エネを普及させてきましたが、日本でもこれを支援する政策が必要でしょう。企業の脱炭素化にとっても重要です。

日本では**EVの普及や石炭火力発電の削減、建物の省エネ改修などで遅れ**が目立ちます。2030年の目標達成のためには、大胆な追加政策の導入が必要となるため、今後が注目されます。

GXリーグによる脱炭素の推進

日本では東京証券取引所の株式市場が再編されたことに伴い、上場企業にはTCFDへの対応が求められるようになりました。国の制度ではなく、民間から脱炭素が進められているともいえます。

国の脱炭素政策のなかで、今後の動向が注目されるのがGX（グリーントランスフォーメーション）リーグです。2022年度に設立準備が進められ、440社が参加して2023年度から開始されます。日本の企業が自主的に参加し、脱炭素のリーダーシップを発揮していくものですが、とりわけ**排出量取引の試行**という点で注目されています。この制度を使うことで、CO$_2$排出削減を効果的に進められるのか、国の制度としての導入の是非が試されます。

GXリーグの設立は、とりわけ欧州で気候変動問題に関する経済政策が進んでおり、今後の導入が予測される**炭素国境調整措置などへの対応が必須となるという見通し**が背景にあります。

日本の１次エネルギー供給の推移と予測

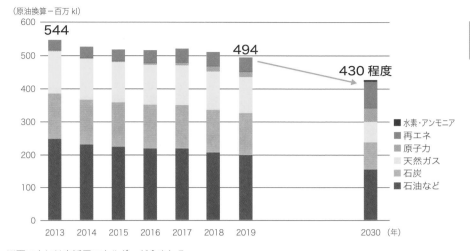

（原油換算－百万 kl）

※再エネには未活用エネルギーが含まれる
出典：資源エネルギー庁「2030 年度におけるエネルギー需給の見通し」（令和３年９月）をもとに作成

GXリーグの目標とコンセプト

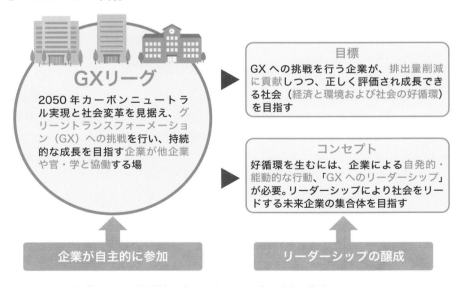

出典：経済産業省「GX リーグ基本構想」（2022 年 2 月 1 日）を参考に作成

SECTION 04

CO₂排出量が多いながらも再エネ導入やEV開発が急伸する中国

中国は現在、世界最大の CO_2 排出国となっています。また、経済成長が進む新興国でもあり、CO_2 排出は今後も増加傾向にあります。とはいえ、再エネや排出量取引制度の導入が進んでおり、EV も普及しつつあります。

再エネと原子力の普及

中国の 2030 年の CO_2 排出削減目標は **2005 年比で GDP あたり 65％以上**であり、2060 年のカーボンニュートラル実現を目指しています。この目標を達成するため、5 年ごとに策定される5 か年計画にもさまざまな取り組みが盛り込まれています。

中国は 2030 年代に CO_2 排出量を**ピークアウト**させるとしています。そのため、**再エネや原子力の開発、天然ガスへの燃料転換などを進め、石炭の割合を低下**させています。最も普及が著しいのが風力発電で、2020 年は累計約 2 億 8,000 万 kW、太陽光発電がこれに続き、累計約 2 億 5,000 万 kW となっています。原子力発電も伸びており、2020 年は累計で約 5,000 万 kW です。

EVの開発・普及と排出量取引制度

運輸部門で注目されるのは、プラグインハイブリッド自動車を含めた**電気自動車（EV）の普及**です。積極的な補助金の支給と、**クリーンエネルギー自動車**の一定割合の生産を義務付ける制度により、およそ 300 社といわれる EV メーカーを育ててきました。また、燃料電池自動車（FCV）にも力を入れており、まだ台数は少ないものの、路線バスや貨物用自動車などで導入されています。

中国の脱炭素対策で注目すべきは、排出量取引制度（P.62 参照）です。2013 年に一部の地域で試行的に導入されたのち、**2021 年からは全国に展開**しています。対象となっているのは、開始時点では発電所のみでしたが、化学や工業などエネルギー多消費産業に拡大させていく方針です。制度のモデルとなっているのは、EU-ETS で、将来の制度統合も視野に入れているといわれています。

ピークアウト
その時点を頂点として CO_2 排出量を減少に転じさせること。

クリーンエネルギー自動車
正確には中国では新エネルギー車と呼ばれている。電気自動車とプラグインハイブリッド自動車が含まれる。当初は燃料電池自動車も含まれていたが、開発が遅れたため、現在は別のカテゴリーで開発を促進している。

EU-ETS
（P.44 参照）

中国のCO₂排出量と世界の排出量に占める割合の推移

（百万 t）

2010 年代は再エネの開発が加速

2000 年代に急速に発展

（％）

■ 排出総量　■ 世界に占める割合

出典：中国エネルギー統計年鑑
出所：日本貿易振興機構（JETRO）「中国の気候変動対策と産業・企業の対応」（2021 年 5 月）をもとに作成

クリーンエネルギー自動車の販売台数と前年比伸び率

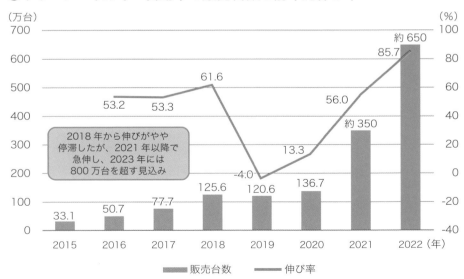

（万台）

2018 年から伸びがやや
停滞したが、2021 年以降で
急伸し、2023 年には
800 万台を超す見込み

約 650

85.7

61.6

53.2　53.3

56.0

約 350

13.3

-4.0

125.6

120.6　136.7

33.1　50.7　77.7

2015　2016　2017　2018　2019　2020　2021　2022（年）

■ 販売台数　■ 伸び率

出典：日本貿易振興機構（JETRO）「中国の気候変動対策と産業・企業の対応」（2021 年 5 月）をもとに作成
※ 2021 年以降は報道による数値

世界経済とのつながりを確保し
資源依存からの脱却が必須のロシア

ロシアは世界第4位のCO_2排出国ですが、経済を化石燃料の生産に依存しており、必ずしも気候変動問題に積極的な政策をとっているとはいえません。とはいえ、気候変動の影響はロシアでも顕在化しています。

資源大国としてのロシア

化石燃料
ロシアの化石燃料生産量は、世界で石炭が第6位、石油が第2位、天然ガスが第2位となっている。

ロシア経済は、石炭や石油、天然ガスといった化石燃料の輸出への依存度が高くなっています。主に欧州向けに輸出していましたが、日本にも一部を輸出しています。

ロシアは資源の輸出により外貨を獲得する一方で、**そのほかの産業を十分に育てられず、経済が停滞する傾向**にあります。こうしたなか、気候変動対策が進むと、資源輸出が減るため、さらに経済が縮小する懸念があります。そのため、少なくとも天然ガスは、CO_2排出の比較的少ない資源として輸出拡大を目指しましたが、思いどおりにいきませんでした。具体的にはドイツ間のパイプライン「ノルドストリーム2」の運開が認められなかったことなどです。ロシアによるウクライナ侵攻の背景には、こうした問題も関係しているといわれています。しかし、結果として欧州のロシア離れが加速することになりました。

ノルドストリーム2
ロシア企業が主体となって敷設した、ロシアからドイツに天然ガスを送る海底パイプライン。ノルドストリーム1はすでに運用されていたが、輸送量の増強のために建設された。最終的に認可されず、運用されていない。

ロシアの気候変動対策の動向

ロシアもまた、他国と同様に気候変動の影響を受けています。**高緯度地方ほど平均気温の上昇が大きく**、凍土の融解とそれによる土地の陥没や洪水、干ばつも発生しています。一方、温暖な気候になるとロシアの農業生産が増えるという試算もあります。

ウクライナ侵攻
2022年2月に始まったロシアによるウクライナの一部地域の併合を目的とした侵攻。世界各国の非難により、ロシアの資源輸出が大きく削減され、天然ガスなどの価格高騰を招く一方、再エネ投資の拡大にもつながった。

ロシアでは気候変動対策に取り組む優先度が低く、**議会で排出量取引制度や炭素税などの議論が行われるものの、導入には至っていません**。CO_2排出削減目標にコミットしているものの、ウクライナ問題が解決しない限り、ロシアと世界経済とのつながりは弱く、気候変動対策を進める動機は高まらないでしょう。

➡ G7各国のロシアへの一次エネルギー依存度（ウクライナ侵攻前）

国名	一次エネルギー自給率 （2020年）	ロシアへの依存度（2020年） （輸入量におけるロシアの割合）		
		石油	天然ガス	石炭
日本	11% （石油0%、ガス3%、石炭0%）	4%	9%	11%
米国	106% （石油103%、ガス110%、石炭115%）	1%	0%	0%
カナダ	179% （石油276%、ガス13%、石炭232%）	0%	0%	0%
英国	75% （石油101%、ガス53%、石炭20%）	11%	5%	36%
フランス	55% （石油1%、ガス0%、石炭5%）	0%	27%	29%
ドイツ	35% （石油3%、ガス5%、石炭54%）	34%	43%	48%
イタリア	25% （石油13%、ガス6%、石炭0%）	11%	31%	56%

※日本の数値は財務省貿易統計2021年速報値
出典：World Energy Balances 2020（自給率）、BP統計、EIA、Oil Information、Cedigaz統計、Coal Information（依存度）
出所：資源エネルギー庁「電力・ガスの原燃料を取り巻く動向について」（2022年5月17日）をもとに作成

➡ ロシアから欧州への主要なガスパイプライン

━━━━	ノルドストリーム
┅┅┅┅	ノルドストリーム2
━━━━	ヤマルヨーロッパ
━━━━	ウクライナ経由パイプライン
━━━━	ロシアパイプライン 接続欧州パイプライン

> 需要の多い欧州北西部へのガスは主に、ロシア・ドイツ間を結ぶノルドストリーム、ベラルーシ・ポーランドを経由するヤマルヨーロッパ、ウクライナ経由パイプラインの3系統のパイプラインで輸出

出典：独立行政法人 エネルギー・金属鉱物資源機構「特集2：資源エネルギーにまつわるニュースの読み解き方（2）」をもとに作成

オーストラリア、カナダ

化石燃料からの脱却を目指すオーストラリアとカナダ

オーストラリアとカナダはともに、広い国土をもった資源国という共通点があります。政権交代ごとに気候変動政策の方針が変わる点は米国と似ていますが、大きな流れとして化石燃料経済からの脱却を目指しています。

再エネに恵まれるオーストラリア

オーストラリアの2030年のCO_2排出削減目標は**2005年比で43%**です。2022年の政権交代で、それまでの目標から約20%も目標を引き上げたことになります。また、数値目標を含めた気候変動法も成立しており、取り組みが加速していくことでしょう。

その背景には、オーストラリアでも干ばつとそれによる山火事、あるいは洪水が多発しており、生態系では**グレートバリアリーフ**が危機的状況にあるという指摘があります。

具体的な施策はこれからですが、**オーストラリアは再エネのための資源が豊富**で、**グリーン水素**の生産も期待されています。同時に、CCS（P.178参照）を併設した化石燃料由来でカーボンニュートラルな**ブルー水素**にも期待が寄せられています。

EVや蓄電池関連の産業に力を入れるカナダ

カナダのCO_2排出削減目標は**2005年比で40〜45%**です。カナダも山火事や台風（ハリケーン）などの被害が増え、氷河の融解などが起こっており、これらが国民の関心を引き上げています。

主要な政策の1つが**カーボンプライシング**です。州ごとに炭素税や排出量取引、あるいはそのハイブリッドなどが採用されています。今後は、国の制度として収束していくと考えられますが、化石燃料を生産する州では抵抗もあります。脱炭素に向けた産業として注目されるのは、**EVや蓄電池関連**です。蓄電池に必要なレアメタルが生産されるだけではなく、蓄電池のリサイクル産業の振興にも力を入れており、新車販売台数に対するEVなどの割合は2030年に60%、2035年に100%にすることとしています。

グレートバリアリーフ
オーストラリア北東の海岸に広がる世界最大のサンゴ礁地帯。気候変動に最も脆弱な生態系として、破壊が懸念されている。

再エネ
特に西側では風力発電と太陽光発電の導入が進む。

グリーン水素
再エネで発電した電気を使った電気分解、もしくは人工光合成などにより、CO_2を排出せずに生成した水素（P.148参照）。

ブルー水素
化石燃料を分解して生成した水素をグレー水素という。このときに発生したCO_2をCCSなどによって除去した場合にブルー水素となる（P.148参照）。

カーボンプライシング
（P.62参照）

● オーストラリアの再エネ導入の現状

2021年の発電電力量の割合

再エネ種別ごとの発電電力量の割合

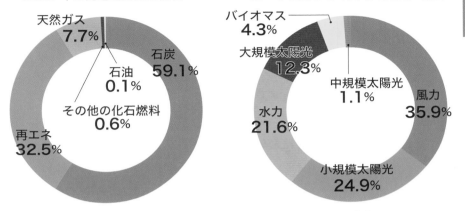

天然ガス
7.7%

石油
0.1%

その他の化石燃料
0.6%

石炭
59.1%

再エネ
32.5%

バイオマス
4.3%

大規模太陽光
12.3%

中規模太陽光
1.1%

風力
35.9%

水力
21.6%

小規模太陽光
24.9%

出典：Clean Energy Council「Clean Energy Australia Report 2022」をもとに作成

● カナダにおける蓄電池産業のエコシステム

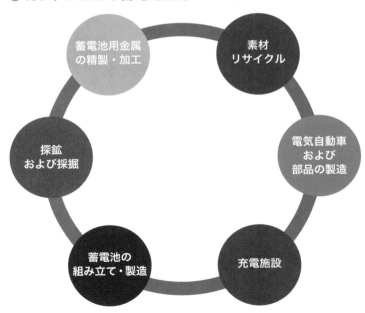

蓄電池用金属
の精製・加工

素材
リサイクル

探鉱
および採掘

電気自動車
および
部品の製造

蓄電池の
組み立て・製造

充電施設

出典：カナダ天然資源省「2021年 在カナダ日本国大使館主催 EV セミナー資料」をもとに作成

SECTION 07

石油依存経済からの脱却を目指す中東諸国

中東の産油国はこれまで、気候変動対策に消極的な国々と見られてきました。しかし、近年は再エネと原子力発電の開発が進められています。近い将来、石油が売れなくなる時代に備えているといえます。

太陽光発電所の建設などが進むサウジアラビア

中東の産油国では、将来的に石油が売れなくなることを想定し、**脱石油が進められています**。比較的進んでいる国の1つが、中東最大の産油国であるサウジアラビアです。2016年に「ビジョン2030」を策定し、そこに当面の目標として950万kWの再エネ導入が示されています。実際、砂漠に大規模な太陽光発電所が建設されており、グリーン水素（P.148参照）やグリーンアンモニアの製造設備の建設も進められています。また、CCUS（P.180参照）やブルー水素（P.148参照）事業も検討されています。このほか、**すべてのエネルギーを再エネで賄う100万人都市「NEOM」**を建設する予定もあります。

脱炭素では2060年のカーボンニュートラルを目指しています。

UAEではマスダールが注目される

サウジアラビアと並んで脱炭素が進められているのが、UAE（アラブ首長国連邦）です。特に注目されているのは、2006年に設立された、**再エネ100%都市として建設されるマスダール・シティ**、および**この事業を推進する企業であるマスダール**です。マスダール・シティでは、ゼロエミッションを意識した工場誘致などがなされるほか、国際再生可能エネルギー機関（IRENA）の本部も置かれています。マスダールは都市開発の経験を生かし、**海外でも事業を展開**しており、石油にとって代わる再エネメジャーの一角を目指しているといえます。また、原子力発電所の開発も進められており、4基の韓国製原子炉が稼働中、ないしは稼働間近です。

脱炭素では2050年のカーボンニュートラルを目指しています。

ビジョン2030
石油依存経済からの脱却を目指した成長戦略。脱炭素や再エネだけではなく、教育や産業振興、スポーツ・文化など多岐にわたる。

国際再生可能エネルギー機関（IRENA）
再エネの普及および持続可能な利用の促進を目的として設立された国際機関。2011年に正式に設立され、日本を含む160か国とEUが加盟する。

➡ サウジアラビアのグリーン化目標

| 2030年までに毎年2億7,800万トンのCO_2を削減 | 陸域と海域の保護区を30%以上に引き上げる | サウジアラビア全土で100億本以上を植林する |

出典：サウジ&中東グリーンイニシアチブ「SGI and MGI Media resources」をもとに作成

➡ UAEのエネルギー戦略2050

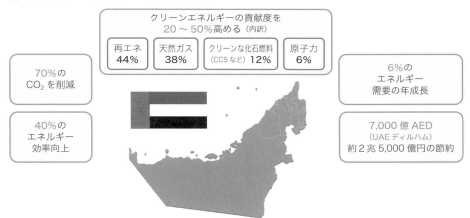

クリーンエネルギーの貢献度を
20〜50%高める（内訳）

| 再エネ 44% | 天然ガス 38% | クリーンな化石燃料 (CCSなど) 12% | 原子力 6% |

70%の
CO_2を削減

6%の
エネルギー
需要の年成長

40%の
エネルギー
効率向上

7,000億AED
（UAEディルハム）
約2兆5,000億円の節約

出典：国際再生可能エネルギー機関（IRENA）「UAE National Energy Strategy 2050」をもとに作成

❗ One Point

そのほかの中東の産油国

　中東諸国は脱炭素以上に、政治的な安定や民主化が課題となっており、脱炭素や脱石油の経済はなかなか進展していません。一方で、小島嶼国のバーレーンのように気候変動の影響を受けやすい国もあります。今後の展望は、石油生産から得られる収入をいかに脱炭素事業に投資し、経済や産業の構造を転換させていくか、にあるといえます。

SECTION 08
資金不足や環境破壊などの課題が多い新興国地域

インドのような大量排出国から、ブラジルのような新興国、ラオスやハイチのような低開発国まで、途上国にはさまざまな段階があり、脱炭素政策も一様ではありません。共通しているのは投資の不足です。

脱炭素の資金が不足する東南アジア・南アジア

東南アジア諸国は近年、著しい経済発展を遂げ、世界的なサプライチェーン網における生産拠点も増えています。その影響により、**エネルギー消費量も増大**しています。

東南アジアと南アジアで使われる電力は、主に石炭火力発電所で発電されています。脱炭素に向け、これをいかに減らしていくかが重要になります。しかし、現状はまだ増設の方向にあります。とはいえ、石炭火力発電への投資は難しくなっており、再エネへの投資が増えています。問題は、脱炭素を実現するための、**投融資をはじめとする資金がまだまだ不足**していることです。

熱帯雨林の消失が課題となる中南米

東南アジアと同様、中南米諸国も経済成長が著しい地域です。それにより、エネルギー消費が急拡大しています。**水力発電が比較的多く**、電源の面では CO_2 排出量は少なくなっています。今後は、大規模水力以外の再エネの開発を進めることが必要でしょう。チリのように、洋上風力発電でグリーン水素（P.148 参照）を生産し、輸出しようとしている国もあります。

中南米諸国の最大の課題は、主にブラジルの**熱帯雨林の消失**です。これにより、土壌に蓄えられていた炭素が CO_2 として排出され、植物による CO_2 吸収も減少します。もちろん生態系の破壊も深刻な問題です。

その一方で、リチウムなど、**脱炭素技術に不可欠なレアメタルなどの鉱山**もあり、新たな産業としての発展が期待されています。

熱帯雨林の消失
ブラジルやインドネシアなど、南米や東南アジア、アフリカの熱帯雨林の消失は大きな環境問題となっている。ブラジルでは森林伐採の跡地で畜産や大豆栽培などを行っている。また、インドネシアのパームヤシのプランテーションも同様の問題がある。これに対し、持続可能な農産物栽培であることの認証制度の導入や、EUのように森林伐採地の農産物の輸入を禁止する取り組みも進められている。

● 東南アジアの電力需要の見通し（SDS〈持続可能な開発シナリオ〉）

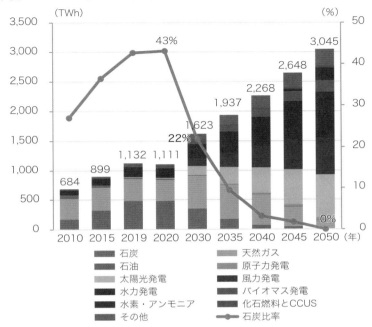

出典：国際エネルギー機関（IEA）「World Energy Outlook 2021」
出所：独立行政法人 石油天然ガス・金属鉱物資源機構「東南アジア諸国の気候変動政策とインドネシアの
　　　取り組み」（2021 年 11 月 18 日）をもとに作成

● 中南米の電力需要の見通し

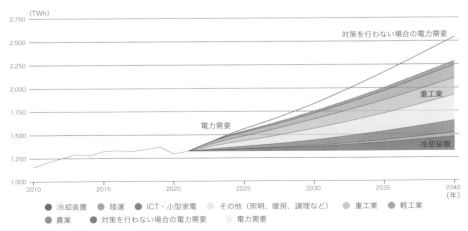

出所：国際エネルギー機関（IEA）「Electricity demand growth in Latin America, 2021-2040」（2022
年 10 月 26 日）をもとに作成

気候変動の影響が大きい小島嶼国と持続可能な開発が必要なアフリカ

小島嶼国は気候変動問題において、国土の喪失など、甚大な被害を受ける可能性の高い国々です。国際交渉では他国に対し、最も厳しい削減目標を要求しています。脱炭素政策により、気候変動の影響をいかに抑えるかが課題です。

小島嶼国における海面上昇の脅威

小島嶼国
小さな島々で構成された国。太平洋やカリブ海にはこうした島国が多く、ほかにもインド洋のモルジブや地中海のマルタなども含まれる。

　小島嶼国の多くは、国土の標高が低く、海面上昇による甚大な被害を受けると考えられており、実際に陸地の浸食も発生しています。さらに、浸食を防ぐサンゴ礁やマングローブ林なども失われる可能性があり、**国土そのものがなくなりかねません**。そのため、気候変動問題の国際交渉では他国に対し、厳しい削減目標などを要求しています。また国際交渉では、削減目標だけではなく、実際に起こっている気候変動による損失と被害などに対する補償も、重要なテーマになっています。

　一方、CO_2 排出量は、世界全体から見るとわずかな量ですが、2050年のカーボンニュートラル実現を目標としています。ただし、多くは途上国であり、**資金や技術などの支援が必要**とされます。

政治的な安定が求められるアフリカ

　アフリカのうち、サハラ砂漠より南にある国々（サブサハラ）の多くは、低開発国です。電力を受給できない人が多く、脱炭素以前に**持続可能な開発が求められます**。それとは別に、民族紛争の多い地域であり、政治的な安定も必要不可欠です。

紛争鉱物
内戦などの紛争が起こっている地域で産出される鉱物。武装勢力の資金源になっていることや、児童労働・強制労働などが行われている可能性が指摘されており、可能な限り取引の回避が求められる。

　たとえば、コンゴ民主共和国において生産される、蓄電池などに必要な金属のコバルトが紛争鉱物になるなどの問題も抱えています。先進国が民主化を支援しつつ、持続可能な投資をしていくことが必要とされますが、簡単ではありません。

　一方、北アフリカは、中東と同様、石油や天然ガスの生産が行われています。また、**太陽光発電の設備設置が可能な広大な砂漠**があり、期待されています。

⊃ 小島嶼国の開発課題

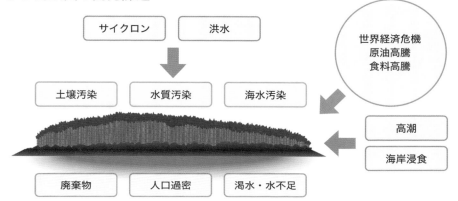

出典：国際協力機構（JICA）「太平洋島嶼国における開発課題」（2019年9月2日）を参考に作成

⊃ 世界の未電化人口（2019年）

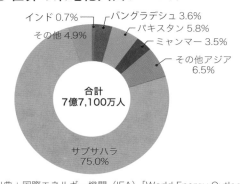

出典：国際エネルギー機関（IEA）「World Energy Outlook 2020」
出所：資源エネルギー庁「エネルギー白書2021」をもとに作成

🛈 One Point

移民も視野に入れる小島嶼国

　小島嶼国では、海面上昇により国土喪失の可能性もあるため、自国民の他国への移民も視野に入れて議論されています。これは、移民で解決する問題ではなく、人々が自分の国に住めなくなるという人権にかかわる問題でもあります。もちろん、防潮堤の建設や国土のかさ上げなどの取り組みも検討され、実施されることでしょう。それでも、CO_2排出削減が進まなければ、先進国は国土を失った人々の存在に直面することになります。

CO₂排出にコストをかけて排出削減を目指す制度

カーボンプライシングとは、炭素税や排出量取引など、CO₂ 排出に対して値段を付けて CO₂ 排出削減を目指すための経済的手法です。そしてこのしくみは、国どうしの脱炭素政策を結びつけることにもなります。

気候変動対策税
日本にはもともと、石油などの化石燃料の消費に対して課税される石油石炭税がある。気候変動対策税はこれに上乗せして課税されており、税収は CO₂ 排出削減のための技術開発などに使われる。

オークション
排出量取引制度のうち、政府が事業所にオークションで排出枠を売るしくみもある。この場合は、政府にも収入をもたらす。全量ではなく、一部をオークションで有償配布することもある。

J-クレジット
日本独自の排出量取引制度。LED 照明の導入などの省エネ化、太陽光発電などの再エネ導入や植林などにより、CO₂ 排出の削減分や吸収分をクレジット化して取引するしくみ。クレジットを買った企業が CO₂ 排出を削減し、クレジットを売った側は CO₂ を排出したとみなされる。

カーボンクレジット
CO₂ 排出を削減したことを権利（排出権）としてクレジット化したもの。

CO₂の排出量に応じて課される炭素税

　炭素税とは、CO₂ の排出量に応じて課される税金です。日本では気候変動対策税として、約 CO₂ 1トンあたり 289 円が課税されています。ただし、これでは税率が低いという見方もあります。

　そもそも **CO₂ の排出は気候変動問題という損失をもたらします**。この損失に対応したコストを、税金として負担するのが炭素税であるので、一般的な税金というより課徴金に近いものです。

　世界中のどこで CO₂ を排出しても気候変動への影響は同等です。したがって、炭素税も世界共通であるべきという考えもあります。

排出量取引制度とカーボンクレジット

　排出量取引制度には、**キャップ・アンド・トレード、ベースライン・アンド・クレジット、オークションなどさまざまな方式**があります。EU-ETS はキャップ・アンド・トレード方式で、事業所に対してあらかじめ排出枠を設定し、排出削減が進んで排出枠が余れば、その分を売ることができます。また、日本に導入されている J- クレジット（P.110 参照）は、CO₂ 排出削減プロジェクトを実施し、想定より削減された分を**カーボンクレジット**という排出枠として取引できます。

　排出量取引制度は市場で取引されるので、炭素税より経済効率のよい手法ですが、政府の収入にならないため、**脱炭素政策の資金として使えない**という問題もあります。カーボンクレジットは国際的市場でも取引されていますが、信頼性の低いものもあります。今後はパリ協定に定められた基準に基づくカーボンクレジットの取引が国際市場で標準化していくと考えられます。

⊙ 主な国の炭素税の税率

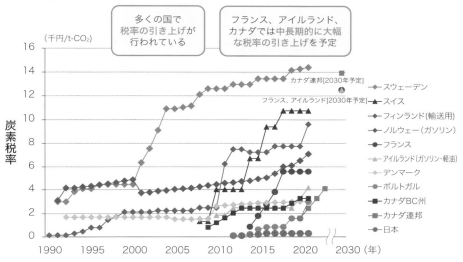

出典：みずほ情報総研
出所：環境省「炭素税について」をもとに作成

⊙ 排出量取引制度のしくみ（キャップ・アンド・トレード方式）

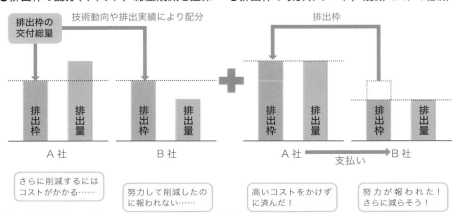

出典：環境省「キャップ・アンド・トレード方式による国内排出量取引制度について」（平成22年8月）
　　　をもとに作成

気候変動対策の導入の不平等を調整するためのしくみ

炭素税や排出量取引制度などの導入国と、そうでない国の間では、CO_2排出のコストの点で不平等です。そこで貿易にあたり、CO_2排出コストを調整する「炭素国境調整措置」が、EUなどで提案されています。

カーボンリーケージによる炭素国境調整措置

気候変動対策は国によって異なります。炭素税の税率や排出量取引制度の導入など、カーボンプライシング（P.62参照）制度の違いもあります。そのため、たとえば炭素税の導入国と炭素税のない国では、製造業などの生産コストが異なります。したがって、**炭素税の導入国では製造業などの競争力が弱まり、炭素税のない国では競争力が優位になって生産量が増えます**。その結果、せっかく炭素税を導入しても、他国でCO_2排出が増えてしまいます。これをカーボンリーケージといいます。そこで、カーボンプライシングの制度の導入状況に応じて、輸入品に高い炭素課金をかけたり、輸出品に炭素課金を還付したりすることが検討されています。このしくみを炭素国境調整措置といいます。

炭素国境調整措置による日本への影響

EUは早ければ2023年に、炭素国境調整の制度を導入する方針でした。しかし、EU-ETSとの調整や世界貿易機関（WTO）のルールとの整合性などから、導入が遅れています。

日本は炭素税の税率が低いため、このまま炭素国境調整措置が導入されると、**EUに高い関税をかけられる**ことになりかねません。日本でGXリーグ（P.48参照）をスタートさせた理由も、こうした危機感が1つにあると考えられます。米国でもバイデン政権では炭素国境調整措置の導入を検討しています。**気候変動対策を強化しながら、自国の産業を守ることにもつながる**からです。

一方、中国は導入に反対の立場ですが、他方で排出量取引制度を導入するなど、対策を進めているといえるでしょう。

炭素課金
炭素国境調整措置において、気候変動対策が不十分な国から輸入する場合に関税のように徴収される炭素課金は、輸出にあたって還付される財源となる。

世界貿易機関（WTO）
1995年に設立され、貿易関連の国際ルールを定めている国際機関。貿易にはWTOルールがあり、その1つが国内外で同じ性能の製品があった場合、関税などで差別してはいけないというもの。ただし、環境負荷については考慮可能で、WTOルールに対して環境の国際条約が劣後することはないという国際的合意がある。炭素国境調整措置がWTOルールに反しないのは、この根拠による。

⊃ 炭素国境調整措置のしくみ

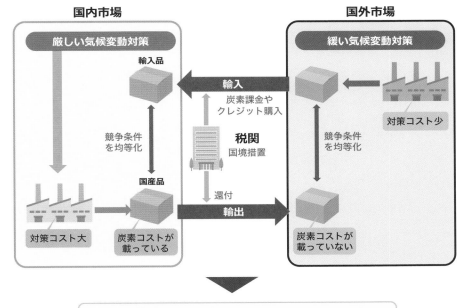

国内企業だけに負担を課すと、

~~コスト増により競争上の不利~~になる。

競争条件を均等化させるため、国境調整を実施

出典：経済産業省「2010年版 不公正貿易報告書について」
出所：一般財団法人 日本エネルギー経済研究所「国境炭素調整措置の最新動向の整理」（2021年2月17日）
　　　をもとに作成

❶ One Point

日本にとっての炭素国境調整措置

　海外で先進国などが脱炭素化していき、日本の脱炭素化が遅れると、日本企業は炭素課金を支払う立場になります。たとえば、日本では石炭火力発電の運用が2030年代後半まで続きそうですが、その結果として「石炭火力の電力」を使って製造された製品に対し、炭素課金などが課されることは十分に考えられます。こうしたことから、日本企業は日本の政策だけではなく、国際的な視野で脱炭素化を進める必要があります。

持続可能性や社会的な影響を考慮した投資の拡大

脱炭素市場における国際的な動きとしては、ESG 投資の促進があります。金融機関は目先のことではなく、持続可能な案件への投資を進めています。企業も気候変動対策に取り組まなければ、融資を受けられなくなります。

ESG投資が生まれた背景

ESG 投資（P.28 参照）に先立つものに、社会的責任投資（SRI）があります。SRI とは、投資は社会的な影響を与えるものと考え、**投資先の社会的責任を考慮して行う投資**のことです。SRI は、短期的な収益より長期的な持続可能性を重視する機関投資家に受け入れられ、軍事産業などが投資対象から外されていきました。

そして 2006 年、当時のコフィ・アナン国連事務総長が責任投資原則（PRI）を提唱します。これは財務情報に加え、**環境（E）、社会（S）、企業統治（G）の３つの非財務情報も考慮し、投資を行うこと**を求めるものです。この原則に従ったものが ESG 投資です。

ESG投資など、さまざまな投資の傾向

ESG のうちでも気候変動対策は認知度が比較的高く、**CO2 排出につながる事業への投資の抑制・撤退**が進んでいます。さらに、製造業を含めたその他の産業でも、気候変動対策は機関投資家の考慮すべき事項となっています。

ただし、すべての投資が ESG 投資というわけではなく、化石燃料関連に投資する投資家もいます。とりわけ、石油会社などは化石燃料の価格高騰により大きな利益を上げており、短期的にはリターンの多い投資案件です。化石燃料の関連では、脱炭素を実現するため、CO2 排出削減につながる事業を促進する目的で、トランジションボンド（移行債）なども発行されています。

また、**社会に与える影響を考慮して行う投資**にインパクト投資があります。気候変動問題に取り組む人材を育てる事業に投資することも、インパクト投資といえるでしょう。

社会的責任投資（SRI）
欧米で盛んになった背景にはキリスト教的な価値観がある。こうした価値観をもつ代表的な機関投資家が、カリフォルニア州職員退職年金基金（カルパース）。現在、カルパースは 100％を ESG 投資に向けている。

責任投資原則（PRI）
世界でおよそ 3,500 社が署名しており、ESG 投資の残高も増加傾向にある。

トランジションボンド（移行債）
再エネ投資のように、CO2 排出ゼロを目指すグリーンボンド（環境債）の基準は満たさないものの、長期的な CO2 排出削減の途上として省エネなどに投資するための債権。たとえば、日本航空は省エネ型の航空機の購入にあたってトランジションボンドを発行している。

インパクト投資
たとえば、人材育成につながり、社会によい影響を与える教育事業などに投資すること。

⊙ ESG投資が求める具体的な取り組み

- ・環境汚染への対応
- ・再生可能エネルギーの利用
- ・水資源の有効活用
- ・生物多様性の保全

- ・女性活躍の推進
- ・適切な労働環境の実現
- ・サプライチェーンのリスク管理
- ・地域社会への貢献

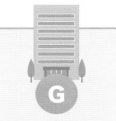

- ・積極的な情報開示
- ・株主権利の確保
- ・汚職防止
- ・取引の透明性

出典：アセットマネジメント One「ESG 投資とは？ デメリットから考えるリターン向上のポイント」をもとに作成

⊙ 世界の地域別ESG投資額の推移

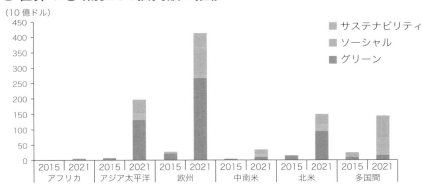

出典：Climate Bonds Initiative「Interactive Data Platform」
出所：三菱総合研究所「世界と日本の ESG 投資動向」をもとに作成

⚠ One Point

ESG投資とウクライナ侵攻

　2022 年 2 月から始まったロシアによるウクライナ侵攻は、ESG 投資にも大きな影響を与えています。具体的には化石燃料の価格高騰により、石油会社が利益を上げていることで、相対的に ESG 投資のパフォーマンス悪化につながっています。ESG 投資は短期的な利益を求めるものではないので、一時的な逆風という見方もあります。

日本は化石賞の常連？

環境NGOが与える「化石賞」

気候変動枠組条約の締約国会議（COP）が毎年年末に開催されますが、そこでの話題の1つが「化石賞」です。これは、環境NGOが気候変動対策に後ろ向きな国に与えるものですが、残念なことに日本は化石賞受賞の常連となっています。

日本政府にもいろいろと言い訳があると思いますが、日本は海外から「化石賞に値する国」と見られているということです。

世界に後れをとる日本の気質

化石賞の常連となる要因の1つに、日本の国民性もあるでしょう。それは、「率先して取り組む」というより、「周囲をうかがう」というものです。「他国がやっているから自国も行う」といった気質です。

こうした国民性は、悪い結果をもたらすことがあります。2000年代の日本政府や産業界は、気候変動対策となる京都議定書について、「中国も米国も参加しないので日本がやっても意味がない」として、積極的な対策をとらずにきました。しかし、2009年に発足した米オバマ政権は、中国に積極的に働きかけ、米中が気候変動の国際交渉をリードするようになっていきます。これにより、日本は後れをとってしまったのです。

日本政府は組織として大きく、意思決定に時間がかかることなどから、簡単に政策を変更することは難しいでしょう。これは日本に限ったことではなく、各国政府とも簡単に方針を変えることはないため、COPにおける国際交渉は常に難航しています。

民間から脱炭素化を推進

とはいえ筆者は、民間においては、政府の方針に常に従う必要はないと考えます。というのも、日本政府だけを見ていては、世界の潮流から取り残され、国際市場で戦えなくなる可能性があるからです。

日本政府には、脱炭素化に向けた産業政策を、無理せず慎重に進めていく責任があります。その具体化には時間がかかるでしょう。したがって、日本はまだしばらく化石賞の常連になる可能性があります。しかし、民間においては、こうした日本政府の動きに引っ張られることなく、積極的に脱炭素化を進めるべきです。

脱炭素化による
ビジネスの変革

脱炭素化に取り組むためには、化石燃料から再エネへ移行するなど、

これまでのビジネスのしくみを変革することが求められます。

それはリスクではなく、ビジネスチャンスになる可能性もあります。

ここでは、各業界が気候変動問題によりどのような影響を受け、

いかに変革を図ろうとしているのかを見ていきます。

持続可能な投融資と リターンの大きい事業への転換

気候変動問題により最初にビジネスの変革が迫られたのが、金融・保険業界です。とりわけ損害保険業は、気候変動が進むと、事業そのものが成立しなくなる可能性があります。持続可能かつリターンの大きい事業への転換が目指されています。

支払いが増える損害保険

気候変動はすでに現実に起こっており、台風や洪水、山火事の発生が増加しています。日本では2018年、台風21号の被害に対する保険支払総額は1兆678億円と過去最高に達しました。

保険支払総額
翌年となる2019年の台風15号と19号に対する保険支払総額は約4,500〜6,000億円となっている。

再保険
保険会社が引き受けきれないリスクの一部を引き受ける保険。たとえば、大規模災害により巨額の支払いが発生する可能性がある場合などに、再保険を使うとリスクを軽減できる。

自然災害が増加して被害が拡大する傾向は世界的なものです。そのため、損害保険会社や再保険会社は、**将来の事業が成り立たなくなる危機感**をもっています。生命保険も同様で、熱帯性の伝染病拡大などによる支払いの増加が懸念されています。

こうした状況に対し、保険会社は保険料を値上げするだけではなく、**SDGsにつながる事業に関連する保険商品の開発**を進めています。投資についても**ESGを強く意識する傾向**にあります。

機関投資家と投資先企業に求められる原則

金融業は投融資により社会に影響を与えます。そのため、**責任ある機関投資家の原則**として、2010年に英国でスチュワードシップ・コードが策定され、2014年に日本版も策定されました。このしくみにより機関投資家は投資先との「建設的な目的をもった対話」を通じて、**持続的成長ができるように取り組む**ことが求められています。この対話をエンゲージメントといいます。対話の内容はさまざまですが、とりわけ気候変動対策は大きなテーマとなっています。一方、投資先もコーポレートガバナンス・コードに従い、適切な企業統治が求められます。

コーポレートガバナンス・コード
上場企業におけるコーポレートガバナンス（企業統治）に関するガイドライン。スチュワードシップ・コードに対応した投資を受けるための原則である。

金融業は気候変動をはじめとするさまざまな課題に対し、投融資だけではなく、投資先との対話を通じて、**持続可能かつリターンのより大きい事業へと大きく転換**しつつあります。

⊙ 異常気象による経済的損害

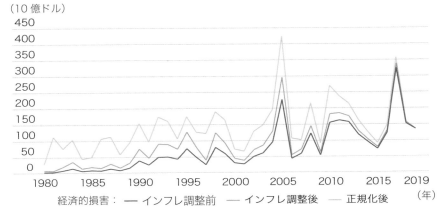

（10 億ドル）

経済的損害： ── インフレ調整前 ── インフレ調整後 ── 正規化後

※インフレ調整後は 2019 年基準価格
出典：スイス・リー・インスティテュート「sigma 経済集積と気候変動の時代における自然災害」（No2 2020）をもとに作成

⊙ スチュワードシップ・コードの８つの原則

スチュワードシップ責任を果たすための明確な方針を策定・公表	スチュワードシップ責任を果たすうえで管理すべき利益相反について、明確な方針を策定・公表	投資先企業の持続的成長に向けてスチュワードシップ責任を適切に果たすため、当該企業の状況を的確に把握
投資先企業との建設的な「目的をもった対話」を通じて、認識の共有を図り、問題の改善に努める	議決権の行使と行使結果の公表に明確な方針をもち、行使の方針は投資先企業の持続的成長に資するものとなるよう工夫	スチュワードシップ責任を果たしているかについて、顧客・受益者に対して定期的に報告を行う

投資先企業やその事業環境などに関する深い理解と、運用戦略に応じたサステナビリティの考慮に基づき、企業との対話やスチュワードシップ活動に伴う判断を適切に行う実力を備える	サービス提供者は、機関投資家がスチュワードシップ責任を果たせるよう、適切にサービスを提供し、インベストメント・チェーン全体の機能向上に資するものとなるよう努める

出典：スチュワードシップ・コードに関する有識者検討会「『責任ある機関投資家』の諸原則」（2020 年 3 月 24 日）を参考に作成

Chap
3
脱炭素化によるビジネスの変革

EV化とクリーンエネルギーによる ゼロエミッション車の開発

自動車産業は、脱炭素化において最も大きな変化が求められるものの1つです。これまでの ガソリン自動車やディーゼル自動車から、電気自動車や燃料電池自動車など、ゼロエミッショ ン車への移行が必要とされています。

ゼロエミッション車
電気自動車、燃料電池自動車、水素エンジン自動車などは走行時にCO2を排出しないので、ゼロエミッション車と呼ばれる。ハイブリッド自動車やプラグインハイブリッド自動車はこれに該当しない。

業態転換
たとえば自動車部品のメーカーは、電気自動車に対応した部品の製造に転換するか、風力発電の部品など別市場に対応したメーカーに転換していくことが求められる。

V2X
電気自動車から電気を供給すること。住宅への供給はV2H (Home)、送電網への供給はV2G (Grid)と呼ばれる。

自動運転
自動車の運転にあたり、センサーなどを活用し、運転操作などを自動化する技術。一部を自動化して運転を支援するものから、完全自動運転まで5段階のレベルがあり、技術実証を踏まえて段階的に実用化されつつある。

ゼロエミッション車への移行の効果

ガソリン自動車やハイブリッド自動車は、ガソリンなどの燃料を使用する限り、走行時にCO2を排出します。一方、電気自動車や燃料電池自動車はCO2を排出しないので、ゼロエミッション車といわれます。もちろん、電気や水素などの生成過程で化石燃料を使えばCO2が排出されますが、**将来的に再エネが主力となるため**、電気自動車に移行することはCO2排出削減につながります。燃料電池自動車も、**グリーン水素が普及すれば同様**です。

つまり、電気は再エネを利用しやすいため、電気自動車の普及拡大が、自動車からのCO2排出削減に大きく寄与するのです。

電気自動車で変化する自動車産業

EUは2035年、英国は2030年に**ハイブリッド自動車を含めたガソリン自動車の販売を禁止**します（P.45参照）。米国の一部の州などもこうした政策をとっています。これは、ガソリン自動車の市場がなくなっていくことを意味しています。したがって、米テスラに代表される電気自動車のスタートアップが登場する一方、既存の自動車会社も電気自動車の生産を拡大する方向です。

電気自動車に移行すると、**自動車を製造するサプライチェーンは大きく変化**し、関連産業の多くが業態転換を求められることになります。自宅や駐車場で充電するようになれば、ガソリンスタンドの役割も失われかねません。また自動車そのものも、再エネで充電を行ってから、一部は自動車から必要時に放電する（V2X）役割を担うでしょう。さらに、電気によるシステムは通信との相性がよいので、自動運転などの技術の搭載も進むと考えられます。

● 電気自動車の需要の予測

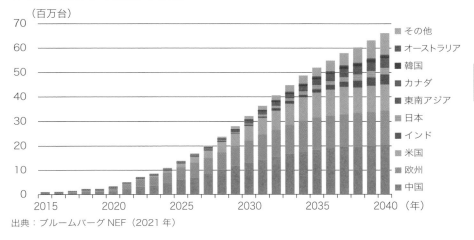

（百万台）

凡例:
- その他
- オーストラリア
- 韓国
- カナダ
- 東南アジア
- 日本
- インド
- 米国
- 欧州
- 中国

出典：ブルームバーグ NEF（2021年）

● 自動車産業の構造変化

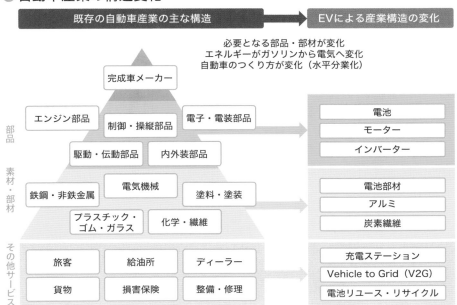

| 既存の自動車産業の主な構造 | → | EVによる産業構造の変化 |

必要となる部品・部材が変化
エネルギーがガソリンから電気へ変化
自動車のつくり方が変化（水平分業化）

完成車メーカー

部品
- エンジン部品
- 制御・操縦部品
- 電子・電装部品
- 駆動・伝動部品
- 内外装部品

→
- 電池
- モーター
- インバーター

素材・部材
- 鉄鋼・非鉄金属
- 電気機械
- 塗料・塗装
- プラスチック・ゴム・ガラス
- 化学・繊維

→
- 電池部材
- アルミ
- 炭素繊維

その他サービス
- 旅客
- 給油所
- ディーラー
- 貨物
- 損害保険
- 整備・修理

→
- 充電ステーション
- Vehicle to Grid（V2G）
- 電池リユース・リサイクル

出典：みずほ銀行「自動車電動化の新時代（Mizuho Industry Focus Vol.205）」（2018年2月）をもとに作成

石油会社の脱石油に向けた戦略

石油は現在でも世界経済を支える主要なエネルギーです。しかし、脱炭素社会に向け、今後は消費が大きく減少していくことが想定されます。それでは、石油会社はどのような脱炭素化の戦略を描いているのでしょうか。

CCSと再エネ開発を目指す石油会社

石油メジャー
石油会社のうち世界経済に影響を与える大企業を指す。しかし、その地位は国有石油企業（サウジアラムコなど）にとって代わられ、石油事業そのものの市場価値も低下している。

石油メジャーを含めた海外石油会社の方針は、大きく2つに分かれます。1つは **CCS（P.178 参照）を活用し、ブルー水素を生産して供給していく**ものです。主に天然ガスを分解して水素と CO_2 に分け、CO_2 を地層中に埋め戻してカーボンニュートラルの実現を目指します。油田やガス田への CO_2 注入はすでに行われており、火力発電所で CCS を実施するより合理的です。

合理的
CCS については、油田やガス田へ埋め戻すほうが、CO_2 を埋める場所の少ない発電所付近で行うよりも合理的。そのため、油田やガス田でブルー水素をつくり、現在の化石燃料のサプライチェーンを維持していく。米国系石油メジャーにはこうした考えが根強い。再エネ開発にシフトする傾向にある欧州系石油メジャーとは対照的。

もう1つは、**石油事業から再エネ事業へシフトする**方針です。代表的な企業はデンマークのオーステッドです。かつては石油会社でしたが、風力発電事業に進出し、現在では洋上風力をはじめとする風力メジャーに成長しています。英 bp やオランダのシェルも再エネ開発に積極的な姿勢を見せており、日本では ENEOS などが再エネ事業に参加しています。このほか、カーボンニュートラルな合成燃料やバイオマス燃料の開発も進めています。

ガソリンスタンドをどう変えるか

電気自動車が主流となると、ガソリンスタンドが減少し、充電設備が必要となります。充電設備の設置に広い敷地は必要ありませんが、**急速充電器でも 80％の充電に 30 分程度かかる**という課題があります。そのため bp は、米国でコンビニエンスストアを買収し、充電スタンド併設の店舗展開を進めています。また、英国では、充電スタンド付きのカフェの開発が進められています。充電の時間をカフェでくつろいでもらうという戦略です。

店舗展開
bp のクレジットカードの購入履歴データを活用し、顧客ニーズに沿った店舗展開を進めている。

日本では ENEOS が、**ガソリンスタンドを地域のエネルギー拠点**として役割を担わせていくことを検討しています。

● 石油会社のカーボンニュートラルに向けた挑戦のイメージ

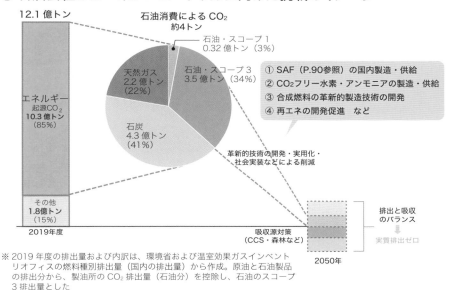

① SAF（P.90参照）の国内製造・供給
② CO_2フリー水素・アンモニアの製造・供給
③ 合成燃料の革新的製造技術の開発
④ 再エネの開発促進　など

石油消費による CO_2 約4トン

石油・スコープ1 0.32億トン（3%）
石油・スコープ3 3.5億トン（34%）
天然ガス 2.2億トン（22%）
石炭 4.3億トン（41%）

12.1億トン
エネルギー起源CO_2 10.3億トン（85%）
その他 1.8億トン（15%）
2019年度

革新的技術の開発・実用化・社会実装などによる削減

吸収源対策（CCS・森林など）
排出と吸収のバランス
実質排出ゼロ
2050年

※ 2019年度の排出量および内訳は、環境省および温室効果ガスインベントリオフィスの燃料種別排出量（国内の排出量）から作成。原油と石油製品の排出分から、製油所の CO_2 排出量（石油分）を控除し、石油のスコープ3排出量とした

出典：石油連盟「石油業界のカーボンニュートラルに向けたビジョン（目指す姿）【2022年12月版】」をもとに作成

● カーボンニュートラルを目指す製油所の将来像

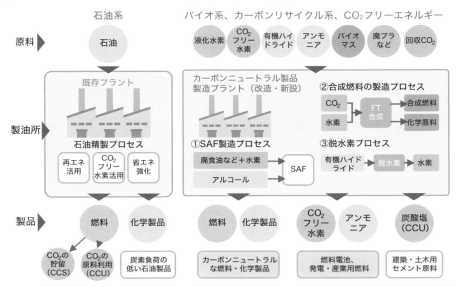

出典：石油連盟「石油業界のカーボンニュートラルに向けたビジョン（目指す姿）【2022年12月版】」をもとに作成

SECTION 04

再エネ発電によりシステム変更が迫られる電力・ガス事業

現在、日本の電力会社が供給している電気の大部分は、火力発電所由来のものです。これを長期的に再エネに変えていくことが求められます。都市ガス会社の脱炭素化にも、カーボンニュートラルなガスか再エネのいずれかが必要です。

再エネ発電で変わる電力システム

従来の電気事業は、送電線を通じて発電所から全国へ電気を送るものでした。しかし、電源の主力が再エネになると、**全国に分散する電源を効率よく使う形態**に変わっていきます。そのため、送配電線の利用を効率化する事業や、分散する電源の管理事業（アグリゲーター）、蓄電事業などが登場すると想定されます。

電気の使用においても、太陽光発電が増えると、**使う時間の調整や、蓄電池の導入**などが新たなサービスとして提供されるようになるでしょう。発電所の電気を直接供給するPPA（電力販売契約）や、再エネ専門の電力会社なども登場しています。このような電力システムを管理するのが送配電会社の役割となります。

都市ガス事業の2つの方向性

ガスのなかでも都市ガス事業は、主に天然ガスを供給する事業であり、CO_2排出に直結します。そのままでは事業の継続が難しいので、さまざまな取り組みを進めています。

1つは、短期的ですが、カーボンクレジット（P.62参照）を使ったカーボンニュートラルな都市ガスを供給することです。また、グリーン水素などを利用し、**カーボンニュートラルな合成メタンを製造する**メタネーション技術の開発も進められています。合成メタンであれば、水素と異なり、既存のガス導管が使える利点があります。一方、再エネ事業にシフトするという方向性もあります。海外では電気とガスの両方を供給する企業は珍しくありません。日本でも**電気事業が自由化**されているので、都市ガス会社にとっても再エネ事業への移行は現実的なことといえるでしょう。

電源の主力
大規模電源は、主に洋上風力発電にとって代わられると見られている。既存の大手電力会社だけではなく、商社や石油会社なども電源開発に参加している。

アグリゲーター
再エネの多くは小規模な電源であるため、まとめて需給管理をする必要があり、電気が不足した際の節電も必要とされる。こうした分散型エネルギー源（DER）をまとめる役割を担うのがアグリゲーター。特定卸供給事業者というライセンスが必要。

送配電会社
日本では2020年の送配電分離により、大手電力会社の送配電事業が別会社化された。これは、送配電事業の公共性が高いことによる。

合成メタン
水素とCO_2を反応させて製造したメタン（CH_4）。大気由来のCO_2が原料になればカーボンニュートラルにつながるが、化石燃料の燃焼由来のCO_2の場合は、燃焼後にCO_2の回収が必要になる。

◉ 次世代の電力システムのイメージ

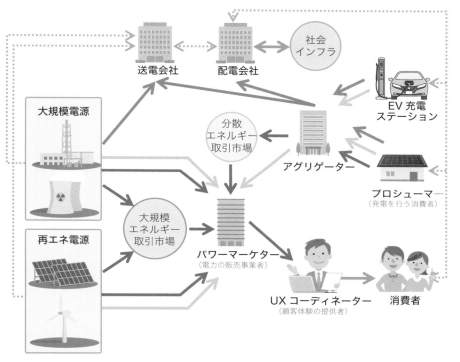

出典：東京電力パワーグリッド「Utility3.0 脱炭素化に向けたエネルギー産業の将来像」（2018年5月30日）
を参考に作成

◉ 2050年のカーボンニュートラル実現に向けたガスの構成

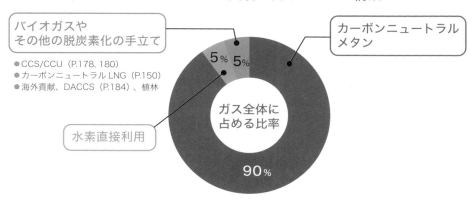

出典：一般社団法人 日本ガス協会「カーボンニュートラルチャレンジ2050 アクションプラン」（2021年
6月10日）をもとに作成

CO₂排出を削減する 電炉と水素による製鉄

鉄鉱石を原料とする製鉄業では、鉄鋼1トンを生産すると約2トンの CO_2 が排出されます。そのため、長期的には CO_2 を排出しない製鉄の技術開発が進められる一方、電炉による鉄のリサイクルなども進められています。

電炉で鉄を生産してCO₂排出を削減

還元
化合物から酸素を取り除く化学反応。製鉄では酸化鉄から酸素を取り除く。

鉄鉱石とは、鉄と酸素が結びついた酸化鉄です。これを高炉で石炭を使って還元し、鉄鋼を生産します。このとき、CO_2 が大量に排出されます。一方、**スクラップとなった鉄を電炉で溶かせば、鉄鋼としてリサイクル**できます。電炉では大量の電気を使いますが、それでも CO_2 排出量は鉄鋼1トンあたり約0.5トンです。しかも電気を再エネにすれば、その分だけ CO_2 排出を削減できます。

電炉で生産した鉄鋼（電炉鋼）は品質が低いとされていますが、欧米では高炉より**電炉での生産が多く**なっています。また、脱炭素を進める企業からは、電炉鋼を指定されることもあります。

日本でも今後、電炉鋼の割合が増えていくと想定されます。

水素還元製鉄とそのほかの技術

鉄鉱石を水素で還元すれば、CO_2 の代わりに水（H_2O）が排出されます。水素はグリーン水素を用いる必要があります。

スウェーデンの鉄鋼メーカーである SSAB では近く、**水素還元による鉄鋼の供給を開始**しますが、CO_2 排出削減を目指す企業からの引き合いは多くあります。日本でも技術開発が進められていますが、低品位の鉄鉱石に向かないことや、還元された鉄がスポンジ状の固体となるため、改めて電炉で溶かす必要があります。また、設備の大規模化も課題です。

設備の大規模化
大規模化にあたっては、水素をメタンにして高炉で使用し、CCUS（P.180参照）を併用する技術の開発も検討されている。

水素還元製鉄以外では、**電気分解による製鉄**も研究されています。アルミニウムでは、原料のボーキサイトを電気分解で金属のアルミニウムと酸素に分離する電気精錬が行われていますが、鉄鋼にもこれを応用しようということです。

⦿ CO₂削減と鋼材生産シェアの移行のイメージ

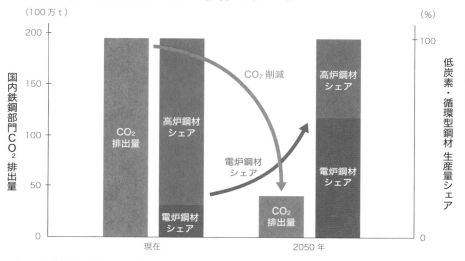

出典：東京製鐵「東京製鐵の環境への取り組み長期環境ビジョン『Tokyo Steel EcoVision 2050』」をもとに作成

⦿ 水素直接還元による水素還元製鉄の流れ

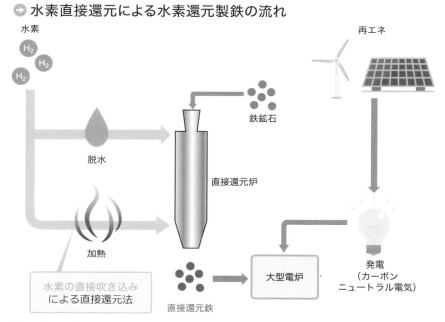

出典：内閣府「鉄鋼業におけるマテリアル戦略事例（資料1-1b）」（2022年2月3日）を参考に作成

レアメタルや銅の需要拡大と回収やリサイクルの技術の開発

社会では銅や亜鉛など、さまざまな金属が使われています。そのため、こうした金属を製造する際の脱炭素化も必要とされます。また、レアメタルなどの希少な金属においては、回収やリサイクルなどが重要視されるとともに、採鉱の効率化や省エネ化も求められます。

脱炭素化に不可欠なレアメタルと銅

レアメタル
鉄やアルミニウムなどの大量にある金属、金や銀などの貴金属に対し、主に工業用品に使われる希少な金属のこと。希少なだけではなく、鉱石から取り出しにくいという性質もある。

レアアース
レアメタルの一種。17種類の元素が含まれており、特に原子番号57のランタンから71のルテチウムまでは化学的性質が似ている。磁石や発光半導体などに添加される。

ナトリウムイオン蓄電池
ナトリウムは海水中の塩化ナトリウムや地中の岩塩など、リチウムと比べて大量に存在する。リチウムと化学的性質が似ているので、リチウムの代わりに蓄電池の材料に使うことが研究されている。

　私たちの身の回りには、レアメタルやレアアースを使ったさまざまな製品があります。たとえば、リチウムイオンバッテリーには、リチウムのほか、コバルトやニッケルなどのレアメタルが使われています。また、強力な磁石をつくるための合金には、レアアースのネオジムが含まれています。レアメタルではありませんが、電気配線には銅線が使われています。こうした金属は今後需要が高まっていくことが予想されます。

　とはいえ、いずれも希少な金属であり、産地が限られていることから、**供給面での課題**があります。そのため、ナトリウムイオン蓄電池など、**レアメタルをなるべく使わない技術の開発や、レアメタルの回収とリサイクル**が進められています。すでに廃棄パソコンから金を取り出す技術などが開発されていますが、レアメタルも同様にリサイクルされていくということです。

精錬とリサイクルにおける脱炭素化

　非鉄金属の製造においても脱炭素化が進められています。アルミニウムの場合は電気精錬（P.78参照）が行われていますが、このときに多量の電気を消費します。一方で、**アルミニウムをリサイクルすれば、エネルギーは電気精錬の3%**で済みます。

　エネルギーを使うのは精錬だけではありません。鉱山における採鉱や鉱山からの輸送など、さまざまな過程でエネルギーが使われます。したがって、これらのプロセスを効率化・省エネ化すると同時に、再エネの利用を推進することによって、CO_2 排出が削減されていきます。

⮕ カーボンニュートラル実現に必要な鉱物資源

	システム・要素技術		必要となる主な鉱物資源
再エネ部門	発電・蓄電池	風力発電	銅、アルミ、レアアース
		太陽光発電	インジウム、ガリウム、セレン、銅
		地熱発電	チタン
		大容量蓄電池	バナジウム、リチウム、コバルト、ニッケル、マンガン、銅
自動車部門	蓄電池・モーターなど	リチウムイオン電池	リチウム、コバルト、ニッケル、マンガン、銅
		全固体電池	リチウム、ニッケル、マンガン、銅
		高性能磁石	レアアース
		燃料電池（電極、触媒）	プラチナ、ニッケル、レアアース
		水素タンク	チタン、ニオブ、亜鉛、マグネシウム、バナジウム

出典：資源エネルギー庁「2050 年カーボンニュートラル社会実現に向けた鉱物資源政策」（令和 3 年 2 月
　　　15 日）をもとに作成

⮕ 代表的なレアメタルの主な産地と生産量

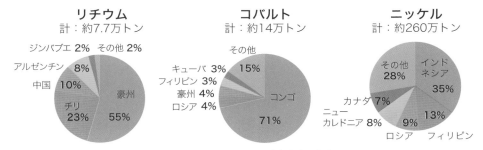

リチウム
計：約7.7万トン

ジンバブエ 2%　その他 2%
アルゼンチン 8%
中国 10%
チリ 23%
豪州 55%

コバルト
計：約14万トン

その他
キューバ 3%　15%
フィリピン 3%
豪州 4%
ロシア 4%
コンゴ 71%

ニッケル
計：約260万トン

その他 28%
インドネシア 35%
カナダ 7%
ニューカレドニア 8%
ロシア 9%
フィリピン 13%

出典：JOGMEC、Industrial Minerals、USGS などにより経済産業省が作成
出所：資源エネルギー庁「2050 年カーボンニュートラル社会実現に向けた鉱物資源政策」（令和 3 年 2 月
　　　15 日）をもとに作成

🅞 One Point

レアメタルと紛争鉱物

　レアメタルの課題は、産地が偏っていることだけではありません。たとえば、コバルトの産地であるコンゴ民主共和国では、紛争が続いており（P.60 参照）、コバルトが武装勢力の資金源になっていたり、現地住民に強制労働を行わせたりしていることが伝えられています。また米国では、スズ、タンタル、タングステン、金が紛争鉱物に指定されています。環境問題だけではなく、人権問題への配慮も不可欠となっています。

製造の脱炭素・省エネ化とともに CO₂吸収などの技術開発も進展

セメントは石灰石を材料として製造され、製造時に石灰石から多量の CO_2 が排出されます。また、石油化学工業では化石燃料が材料として使われることが多いため、エネルギー多消費産業でもあり、エネルギー効率化や再エネ利用が求められています。

セメント製造の脱炭素化

セメント
セメントが水と反応して固まり、混ぜ合わせた砂利や砂などとともにコンクリートとなる。

セメントの材料は石灰石であり、石灰石の主成分は炭酸カルシウム（$CaCO_3$）です。そして、製造したセメントの主成分は酸化カルシウム（CaO）であり、製造過程で多量の CO_2 が排出されます。そのため、**製造時の脱炭素化が求められています**。

CO₂吸収コンクリート
（P.188 参照）

セメントの脱炭素化として技術開発が進められているのが、**廃コンクリートのリサイクル**と、CO_2 吸収コンクリートの開発です。廃コンクリートは粉砕して骨材などに再利用されます。そのほか、酸化カルシウムを取り出し、CO_2 と反応させて炭酸カルシウムに戻すことで、カーボンニュートラルな材料として使用できます。

また、CO_2 を吸収することで化学的に安定して硬くなる物質を加えることで、CO_2 吸収コンクリートにできます。

材料の脱石油とエネルギーの効率化が必要

石油化学工業で製造される主なものはプラスチックです。そのほか、合成繊維や合成ゴムなどもつくられています。材料は石油などの化石燃料であり、製品が廃棄されて焼却されると CO_2 を排出します。また、製造過程でも多量のエネルギーが使われます。

バイオマスプラスチック
植物など生物由来の原料で製造したプラスチック。似た言葉にバイオプラスチックがあるが、これはバイオマスプラスチックと、微生物によって分解される生分解性プラスチックの総称。

石油化学工業の脱炭素化の１つは、**材料の脱石油**です。バイオマスプラスチックや、グリーン水素と CO_2 を反応させて製造したカーボンニュートラルな炭化水素などが期待されています。もちろん、プラスチックなどのリサイクルも欠かせません。

エネルギーの効率化や再エネの利用なども不可欠です。自家用の石炭火力ボイラーを使う事業所では、燃料転換が求められます。この点は、製紙業など、ほかの製造業にも共通する課題です。

⊙ セメントやコンクリートの製造のカーボンニュートラル化

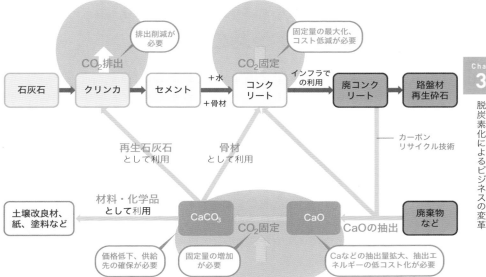

出典：資源エネルギー庁「コンクリート・セメントで脱炭素社会を築く!? 技術革新で資源も CO_2 も循環させる」（2021-12-15）をもとに作成

⊙ 石油化学の原料転換とエネルギー転換の脱炭素化の想定

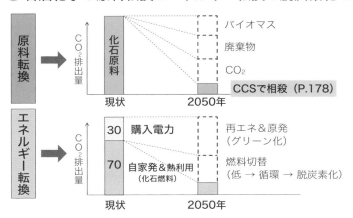

出典：内閣官房「気候変動対策推進のための有識者会議（第5回）資料6」（2021年8月3日）をもとに作成

SECTION 08

電気の効率利用を促進する技術開発が進む

電力システムが大きく変化するなか、電機産業も変革が迫られています。発電エネルギーが再エネにシフトするなか、再エネを効率よく利用する技術が必要になります。送配電についても、需要地に損失なく電気を送る技術が求められます。

再エネへのシフトで必要とされる発電技術

脱炭素化に向け、必要とされる発電技術のニーズは大きく変化しています。**発電の主力は再エネ**となり、風力発電は大型化が進みます。また、バイオマス発電、水素発電、地熱発電においては、これまでの火力発電の技術を改良していくことになるでしょう。

原子力発電では、小型モジュール炉**などの技術開発が進められる**一方、フランスや英国では大型の原子力発電所の開発が進められています。ただし、発電所の新設コストが安全対策などで値上がりしており、役割は限られたものになりそうです。

送配電に求められる柔軟性と高圧直流送電

再エネのうち、太陽光と風力は気象現象によって変動するので、**安定して使うための柔軟性のある技術**が求められます。たとえば、再エネによる電気の変動を緩やかにするパワーコンディショナーや蓄電システム、需要側の電力消費や再エネの電気利用を効率化するシステム、電気自動車の充電システムを含めた多様なエネルギーリソースをまとめる IoT などが、主役になっていくでしょう。

また、再エネの多くは需要地から離れた場所にあるので、**長距離の送電線の整備**が必要になります。米国や中国、欧州などでは、送電の損失を少なくする目的で、高圧直流送電（HVDC）線が整備されており、日本でも北海道や九州から東京や大阪に再エネの電気を送る HVDC が検討されています。日本では海底送電線が用いられることが想定され、洋上風力発電用の送電も含め、**海底送電ケーブルの需要の拡大**が見込まれます。また、直流で送電するためには、交流と直流を変換する設備も必要です。

小型モジュール炉
複数の原子炉を組み合わせ、大型炉に匹敵する出力性能をもつ原子炉。出力は 30 万 kW 以下。本体がプールに沈められているなど、高い安全性と施工性がある。海外のスタートアップなどで開発が進められ、2030 年頃に実用化される見通し。

高圧直流送電（HVDC）
電気の送電の損失は、電圧が高いほど少なく、交流より直流のほうが少ない。そこで長距離の送電には、高圧直流送電が用いられる。

直流で送電
通常、送電線を流れ、コンセントから使う電気は交流である。直流で送電するためには、交流を変換する必要がある。直流にすることで、交流より送電線の本数が少なくて済み、高価な海底送電ケーブルの節約にもつながる。

● 電力のデジタル技術の活用の例

	目的・提供価値	代表的な取り組み事例
新規事業創出	エネルギーマネジメントサービス開発など	● ブロックチェーン P2P 電力取引【送配電・小売】 ● 分散型エネルギーシステムの構築【送配電・小売】
	エネルギー以外の新規サービス開発	● 電力使用量データ（スマートメーター）の活用【送配電・小売】
収益性改善	自動・最適制御化（最適制御など）	● IoT や AI 技術などを利用した発電所の超高効率運転【発電】 ● 小売電気事業者による最適な調達計画・収益性分析【送配電・小売】
	省人化・保安力（遠隔化・自動化）	● IoT や AI を活用した保安技術の向上【発電・送配電】 （送伝線外観点検、鉄塔劣化診断でのドローン活用　など）
	情報化（形式知化・予測・共有）	● 小売電気事業者による最適な調達計画・収益性分析【小売】 ● 再エネ出力予測【送配電】

出典：資源エネルギー庁「2018 年、電力分野のデジタル化はどこまで進んでいる？」（2018-09-04）をもとに作成

● 日本で検討されているHVDC

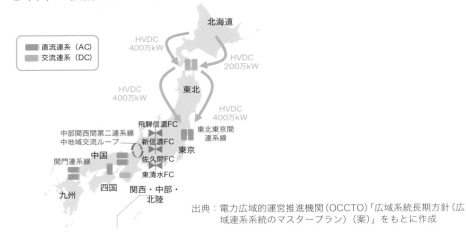

出典：電力広域的運営推進機関（OCCTO）「広域系統長期方針（広域連系系統のマスタープラン）（案）」をもとに作成

❗One Point

DXは必要不可欠

　電機産業も DX 化が不可欠です。再エネ導入に対応した、秒単位のきめ細かい電圧の調整や、需要側での効率的な節電、蓄電システムの運用、電気の需給管理など、DX で効率化すべき対象は少なくありません。また、発電所や変電所などの設備管理においても、IoT を活用することになるでしょう。エネルギー分野の脱炭素は DX が鍵になるといっても過言ではありません。

製品のライフサイクル全体を通した省エネ化・脱炭素化を図る

製造業の脱炭素化には、再エネの利用や設備の効率化、そして製品のライフサイクルを通じた脱炭素化を検討する必要があります。製造業では、生産から廃棄まで製品の流れと省力化を徹底して考え抜くことが求められています。

工場設備の効率化と再エネ利用

DX（デジタルトランスフォーメーション）
紙や帳票などをデジタルデータに置き換えて効率化していくデジタル化に加えて、DXでは、デジタル化を通じて業務や事業モデル、戦略などを変革させていく。脱炭素化につながるGX（グリーントランスフォーメーション）でもDXは不可欠である。

スマートファクトリー
機械や製造設備、基幹システムなどがネットワークでつながり、業務全体が最適化されている工場。

ライフサイクルアセスメント（LCA）
製品やサービスについて、生産から廃棄までのライフサイクル全体における環境負荷を評価すること。たとえば、エネルギー効率の悪いガス給湯器は、製造時のCO_2排出量は少なくても、使用時に多くなるため、エネルギー効率のよいガス給湯器のほうが優れているといえる。

製造業の脱炭素化で最初に取り組むべきは、**工場設備の効率化**です。省力化や製造ロスの削減、設備の効率的保全など、さまざまな取り組みが含まれます。そのためにはDXも必要になります。たとえば、設備の効率的保全が実現できれば、計画外の稼働停止が少なくなり、生産性の向上とエネルギーロスの削減、安全性の向上などにつながります。また、スマートファクトリーのエネルギーは再エネが主力になっていくでしょう。

製造業の取り組みは自社内だけではなく、サプライチェーン全体に及びます。**サプライチェーンを担う各事業者が脱炭素化に取り組むことで、効果的なCO_2排出削減が可能**になるのです。

製品のライフサイクルを考える

製造業では、**自社製品がどれだけ社会の脱炭素化に貢献するかを考える**ライフサイクルアセスメント（LCA）が極めて重要です。その際、使用時だけではなく、廃棄までを考える必要があります。場合によっては、レジ袋などのように、政策によって市場が大幅に縮小することもあり得ます。

ポイントとして、まず省エネ化が挙げられます。たとえば家電製品は、エアコンや冷蔵庫などの省エネ化が期待できます。また軽量化により、輸送に使うエネルギーも削減できます。そして、リサイクルのしやすさも重要です。廃棄をなるべく減らすなど、循環型経済に資する取り組みは、脱炭素化につながります。さらに、**素材も考えるべきこと**です。環境負荷の少ない素材を選択することで、脱炭素化だけではなく、生態系の保全にも貢献できます。

● 製造業の実態から効率化されたサプライチェーンへの移行

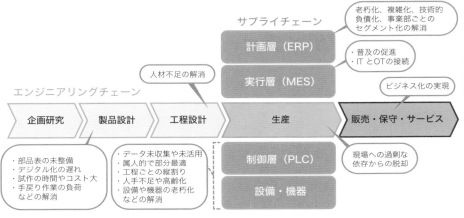

出典：経済産業省「製造業を巡る動向と今後の課題」（2021年9月）をもとに作成

● ライフサイクルアセスメントのアプローチ

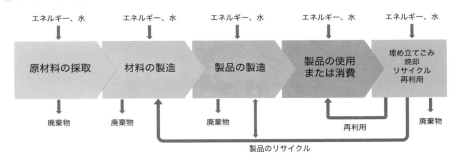

出典：一般社団法人 日本化学工業協会「エグゼクティブガイド ライフサイクルアセスメント（LCA）」を
　　　もとに作成

● One Point

EAM（エンタープライズ・アセット・マネジメント）

　製造業における設備の運用や管理、保全の効率化のために導入が進められているものに EAM があります。これは、設備の運転状況や保全の記録、部品在庫などのデータをコンピューターで一元管理するシステムです。IoT などからデータを収集し、状況を監視したうえでメンテナンスを実施します。製造業のDX として期待されており、建物やインフラの管理などにも応用されています。

店舗や商品、配送を含めた
サプライチェーン全体の脱炭素化

私たちの生活に身近な小売業や、メーカーから小売りへ商品を提供する卸売業、商品を保管する倉庫業などを含めた流通業界は、店舗などの事業所だけではなく、物流と販売商品の脱炭素化が求められています。

店舗や商品、サプライチェーンの脱炭素化

省エネ法
省エネ法（エネルギーの使用の合理化等に関する法律）は石油危機を契機に1979年に制定された法律。燃料、熱、電気などを多く使う事業者（石油換算1,500kL/年以上）にはエネルギーの使用状況や削減計画などを報告する義務を課している。また、それ以外の事業者にも努力義務がある。2022年の改正で、省エネに加え、再エネなどの非化石エネルギーへの転換も求められるようになった。

　小売業でも、とりわけ大規模店舗の場合は省エネ法があり、**店舗の省エネ化は少しずつ進んでいます**。具体的には、LED照明などの省エネ設備やBEMS（P.190参照）の導入などです。また、屋根上などに太陽光発電設備を設置する店舗も増えており、駐車場に設置するケースやPPA（P.112参照）を利用するケースもあります。

　これから重要になってくるのが、サプライチェーンにおける取り組みです。扱う商品の製造時や配送時のCO_2削減など、取り組むべきことは少なくありません。倉庫での再エネ利用やモーダルシフト（P.120参照）、電気自動車による配送などを含め、**サプライチェーンにおけるあらゆる段階でカーボンニュートラルをいかに実現するか**を考える必要があります。

　また、一般消費者との接点が大きい業界のため、気候変動対策や商品の環境負荷対策などへの取り組みを、お客様に理解してもらうことも欠かせないものとなるでしょう。

　さらに、電気自動車で来店するお客様への対応として、充電設備を充実させていくことも課題となります。

ネット販売の脱炭素化

電子商取引（Eコマース）
インターネットで電子的な手段により取引を行うこと。Amazonや楽天など電子商取引を専門に行う小売業者だけではなく、一般の小売事業者や製造元の直販など、幅広く拡大している。

　近年は、インターネットを通じた商品販売が増えています。いわゆるネット販売、電子商取引（Eコマース）です。ネット販売では店舗を必要としませんが、**配送の脱炭素化は課題**となります。

　配送用のパッケージをなるべく環境負荷の小さいものにするといった努力は不可欠です。また、配送にあたっての車両の電動化なども課題となるでしょう。

⊃ チェーンストア業界の脱炭素化の取り組みの例

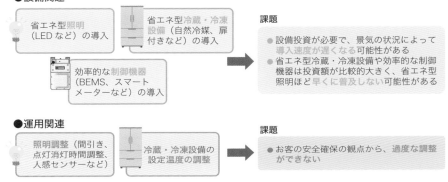

●設備関連

省エネ型照明（LED など）の導入

省エネ型冷蔵・冷凍設備（自然冷媒、扉付きなど）の導入

効率的な制御機器（BEMS、スマートメーターなど）の導入

課題
- 設備投資が必要で、景気の状況によって導入速度が遅くなる可能性がある
- 省エネ型冷蔵・冷凍設備や効率的な制御機器は投資額が比較的大きく、省エネ型照明ほど早くに普及しない可能性がある

●運用関連

照明調整（間引き、点灯消灯時間調整、人感センサーなど）

冷蔵・冷凍設備の設定温度の調整

課題
- お客の安全確保の観点から、過度な調整ができない

●低炭素製品・サービスなどによる他部門での貢献

環境配慮型商品の販売・開発
- プライベートブランドで環境配慮型商品を展開（総合スーパー）
- 再生トレーにより資源を有効活用（総合スーパー）
- カーボン・オフセット付きシューズの開発・販売（総合スーパー）
- 再生紙使用商品の販売（食料品スーパー）

レジ袋の削減
- レジ袋辞退時に割引/会員ポイントカードにポイント付与（総合スーパー、食料品スーパー）
- 産学協同プロジェクトで大学とオリジナルエコバッグを開発（食料品スーパー）
- マイバスケットの拡販（食料品スーパー）

簡易包装の実施
- ギフトの簡易包装を推進（総合スーパー、食料品スーパー）

出典：日本チェーンストア協会「チェーンストア業界における地球温暖化対策の取組 ～カーボンニュートラル行動計画 2020 年度実績報告～」（令和 4 年 1 月）を参考に作成

❶ One Point

ウォルマートのギガトンプロジェクト

　米国の流通・小売の大手であるウォルマートは、脱炭素化の取り組みも進んでいます。特徴的なのは PPA の利用です。米国では Google や Amazon などが PPA により再エネ化を進めていますが、ウォルマートやマクドナルドもこれに次ぐ規模で PPA を利用しています。ウォルマートで注目されるのは、ギガトンプロジェクトです。これは、サプライヤーを対象に CO_2 排出削減の支援を行い、2030 年までに 1G トン（10 億トン、日本のほぼ 1 年分の排出量に匹敵）の CO_2 を削減するものです。このプロジェクトには、サプライヤーにも PPA を利用してもらうギガトン PPA というプログラムがあります。与信力が弱いサプライヤーにも再エネを利用してもらおうというものです。

電動化を目指すか
持続可能な燃料でCO₂排出を削減

運輸部門の脱炭素化は、電動化されているかどうかで大きく変わってきます。鉄道は多くの路線で電化されていますが、航空機や船舶はまだ難しいでしょう。その場合、持続可能な燃料が不可欠となってきます。

鉄道は貨物と地方路線の利用促進が課題

トラック
貨物列車より早く荷物を届けられることなどが主な理由。

鉄道の場合、脱炭素化そのものより、**利用を促進させることによる社会的な脱炭素化への貢献**が重要といえます。そこで重要となるものの1つは、貨物輸送の促進です。現在、物流の大部分を占めるのはトラックです。しかし、CO₂排出量は貨物列車のほうが大幅に少なくなっています。そのため、鉄道による貨物輸送をいかに拡大していくかが課題です。もう1つは、地方路線の維持です。赤字を抱えたローカル線を、いかに利用しやすい公共交通機関にしていくかは、もっと考えられるべきでしょう。

航空機はカーボンクレジットとSAFの利用

CORSIA
国際民間航空機関（ICAO）の主導で行われている、国際民間航空におけるCO₂排出削減の取り組み。現在は各国が自主的に参加するフェーズだが、2027年からは義務となる予定。

持続可能な航空燃料（SAF）
バイオマス燃料やグリーン水素を利用した合成燃料など。バイオマスには、廃食油、ミドリムシなどプランクトン由来の油、植物由来の油などが利用、ないしは開発されている。

航空機は輸送重量あたりの燃料消費量が桁違いに大きいため、航空機を利用した移動に対して“飛び恥”という言葉も使われるようになってきました。また欧州などでは、近距離の航空路線は廃止する方向にあります。現在は、乗客や貨物主がカーボンクレジット（P.62参照）を購入するサービスや、「国際民間航空のためのカーボン・オフセットおよび削減スキーム」（CORSIA）に対応した、航空会社のCO₂排出削減のためのカーボンクレジット利用などが行われています。しかし今後は、カーボンクレジットの質が問われるため、別の手段も必要です。

航空機は船舶以上に電動化が困難であるため、カーボンニュートラルである持続可能な航空燃料（SAF）の開発と製造、供給が課題となります。わずかですが現在、一部で利用されています。今後はSAFを大量に供給できるかどうかが課題となります。ただし、燃料コストは高くなることが予想されます。

➡ 輸送量あたりのCO₂排出量（2020年度）

●旅客

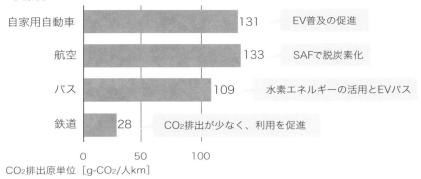

自家用自動車	131	EV普及の促進
航空	133	SAFで脱炭素化
バス	109	水素エネルギーの活用とEVバス
鉄道	28	CO₂排出が少なく、利用を促進

CO₂排出原単位〔g-CO₂/人km〕

●貨物

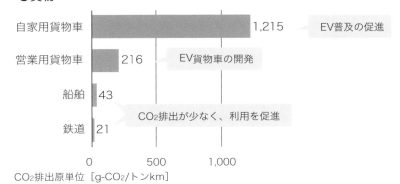

自家用貨物車	1,215	EV普及の促進
営業用貨物車	216	EV貨物車の開発
船舶	43	
鉄道	21	CO₂排出が少なく、利用を促進

CO₂排出原単位〔g-CO₂/トンkm〕

出典：国土交通省「運輸部門における二酸化炭素排出量」（令和4年7月5日更新）をもとに作成

船舶にはカーボンニュートラルな燃料

　船舶の燃料は、ほとんどが石油であるのが現状です。これを、グリーンアンモニアや合成燃料、バイオマス燃料など、カーボンニュートラルな燃料に置き換えていくか、あるいは蓄電池で電動化することが現実的でしょう。とはいえ、蓄電池は重量があるため、近距離輸送に使われると想定されます。一方、長距離輸送はカーボンニュートラルな燃料が利用されるでしょう。燃料コストは上昇しますが、航空機と比較すると貨物の重量あたりの燃料消費は圧倒的に少ないため、切り替えやすいといえます。

建設、不動産、エンジニアリング

脱炭素化に貢献する
建物・都市とプラントの開発

欧米で脱炭素化の第一の取り組みとなっているのが、建物の断熱性能を含めた省エネ化です。さらに、ZEH（ゼッチ）や ZEB（ゼブ）の普及へとつながり、不動産業界も巻き込んだスマートシティの開発が今後、期待されます。

建物の脱炭素化から都市全体の脱炭素化へ

建設業では、**工事や資材の脱炭素化**が進められています。たとえば、重機の燃料の脱炭素化や、資材のグリーン調達などですが、それ以上に**重要なのが建物の脱炭素化**です。断熱性能の向上は大幅なエネルギーの効率化が期待でき、ZEH や ZEB の普及も注目されています。また地中熱など、未利用熱の利用も含めたエネルギーの効率化を進めるとともに、再エネ供給を通じてカーボンニュートラルを実現していくことでしょう。

不動産業においては、新築だけではなく、既存の建物を ZEB 化して価値を高めるという事業も拡大するでしょう。また、再エネを開発し、物件へ供給することも期待されます。

建設業と不動産業の気候変動対策として重要な役割は、日本ではウーブン・シティに代表されるスマートシティの開発でしょう。IT や電機、電力、運輸、自動車などの他業界と連携し、高い利便性や快適性などを実現した都市の開発は、気候変動問題だけではなく、社会福祉など多様な課題の解決にもつながります。

脱炭素化のプラント建設も必要とされる

工場や発電所、製鉄所、製油所などの設備をまとめてプラントと呼びます。このプラントの建設を支えているのがエンジニアリング業界です。今後は脱炭素化につながるプラントの需要が増加していくでしょう。一方で、従来の技術を応用できる分野もあります。たとえば、洋上風力発電所の建設では、海底油田やガス田の掘削技術を応用できます。このほか、電線業界においては、**海底送電線や洋上風力用の送電線の需要拡大**が見込まれています。

ZEH
ゼロエネルギー住宅
（P.170 参照）。

ZEB
ゼロエネルギービル
（P.170 参照）。

ウーブン・シティ
トヨタ自動車が中心に開発を進める実験型未来都市のプロジェクト。自動運転やスマートホームなど、暮らしを支えるさまざまな技術の実証を行う予定。

脱炭素化につながるプラント
代表的なものとして、グリーン水素製造設備など。また、水素製鉄のプラント建設も極めてチャレンジングなものとなる。

従来の技術の応用
日本の豊富な地熱資源の開発にも応用されることが期待されている。

➡ 建物のライフサイクルにおけるカーボンゼロ

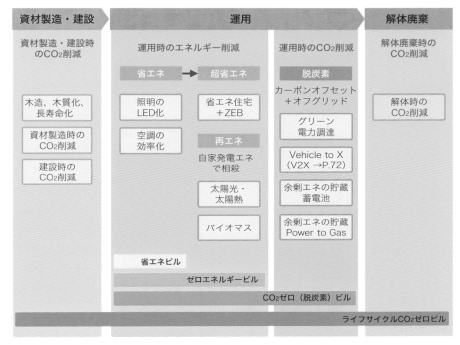

出典：竹中工務店「環境コンセプトブックー2050年を目指して」（2021年版）をもとに作成

❗One Point

洋上風力発電所の建設に不可欠な造船技術

　洋上風力発電所の建設には、エンジニアリングだけではなく、造船業の活躍が期待されています。海上での建設には自己昇降式作業台船（SEP船）が必要であり、浮体式洋上風力の技術開発にも造船技術が不可欠です。SEP船は、海上作業用の箱船（台船）を海面上から上昇させ、クレーンや杭打ちなどの作業を行う台船です。海底油田やガス田の開発などにも使われてきましたが、洋上風力発電所や洋上変電所の建設などにも不可欠なものとなっています。

データセンターの省エネ化と
ITを駆使したGX実現が急務

情報通信技術、いわゆる IT における脱炭素化では、技術をいかに GX（グリーントランスフォーメーション）に役立てるかということと、増大するデータセンターなどのエネルギー消費をどう抑えるかということが課題になっています。

省エネや再エネ利用にはITが不可欠

気候変動対策を進めていくうえで、IT は重要な役割を果たします。きめ細かな省エネや、効率的な再エネ利用などを実現するためには、**AI の活用や、センサーなどの IoT から得られる情報の分析などが不可欠**です。たとえば、複数の発電所や蓄電池、需要家側の節電などを取りまとめ、1 つの発電所として運用する仮想発電所（VPP）では、IT が主役といえます。また、発電設備や送配電設備などの保全では IoT の活躍が期待されています。

これ以外にも、業務効率化や自動車の自動運転など、さまざまな場面で IT が使われており、社会の DX は進んでいくでしょう。

IoT
モノのインターネット。センサーなどがインターネットにつながることで、直接データを集めたり、制御したりすることができる。

情報通信のエネルギー消費増大への対応

情報通信の脱炭素化の課題は、通信量とデータ量の増大に伴うエネルギー消費の増大です。情報トラフィック量は 2030 年に現在の 30 倍以上、2050 年には 4,000 倍に達するという試算もあります。そのため、消費電力も桁違いに増えることになります。

コンピューターのプロセッサやデータセンターなどの省エネ化は進むと期待されています。そのうえで脱炭素化を進めるには、**情報通信に使われる電力を再エネ化していく**ことが必要です。

データセンター
サーバーやネットワーク機器などの設置を専門とした施設。クラウドサービスのためのサーバーや、特定の企業が所有するサーバーなどが置かれている。セキュリティを高めるため、設置場所は一般に明かされていない。

そうしたなか、情報通信産業の取り組みとして重要なのは、**データセンターの脱炭素化**です。なかでも空調では、かなりの電力が消費されており、データセンターを寒冷地に設置して空調の電力を削減したうえで、電力を再エネ化していくことも実施されています。エネルギー消費を考えた際、トラフィックや演算処理を増やすのではなく、効率的な運用を考える必要もあるでしょう。

● 情報通信とエネルギーとの関係のイメージ

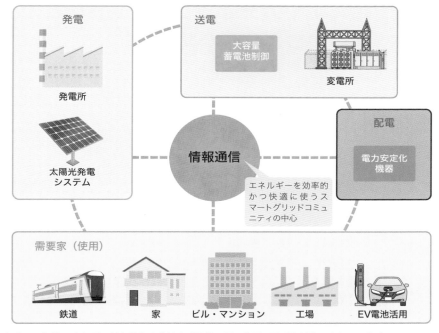

出典：一般社団法人 電子情報技術産業協会「電機・電子業界の温暖化対策」をもとに作成

● 日本と世界のデータセンターの消費電力の推定

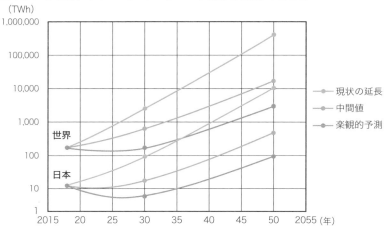

出典：国立研究開発法人 科学技術振興機構 低炭素社会戦略センター「情報化社会の進展がエネルギー消費に与える影響（Vol.4）」（令和4年2月）をもとに作成

総合商社

再エネやカーボンクレジットなどの 新しいビジネスへの挑戦

総合商社は、食料品やさまざまな資源の輸出入、インフラ事業への参画など、多様なビジネスを行っている企業です。エネルギー分野では、再エネとカーボンクレジットという新しいビジネスへの取り組みを進めています。

古くから再エネ事業に参画する総合商社

総合商社のエネルギー事業といえば、石炭やLNG（液化天然ガス）の貿易、あるいは海外での火力発電所プロジェクトといったイメージが強いかもしれません。しかし、**20年以上前から風力発電などの再エネ事業にも参画**しています。そして現在は、化石燃料関連の事業から撤退の方向にあります。最近では、国内外の洋上風力発電プロジェクトへの参画、蓄電池ビジネスの展開をはじめ、海外の再エネ企業の買収など、活発な動きを見せています。

合理性のあるカーボンクレジットビジネス

脱炭素社会への急激な変化に対し、**商社は改めてカーボンクレジットビジネスに向かっている**といえます。カーボンクレジットを使うことでCO_2排出をオフセット（相殺）できるしくみですが、課題は少なくありません。これまでは、国際的な制度より第三者認証を重視し、ボランタリークレジットが扱われることが多かったのですが、今後はパリ協定のルールに則ったクレジットが求められるようになります。また、カーボンクレジットを創出するために、省エネや再エネ、植林など、CO_2排出の削減ないし吸収のプロジェクトが実施されますが、この**プロジェクトは持続可能で検証可能**なものでなくてはなりません。植林しても、あとで伐採してしまっては、クレジットの価値は毀損されます。

とはいえ、経済合理性をもったCO_2排出削減のために、当面はカーボンクレジットビジネスが有効です。パリ協定のルールに則ったクレジット、とりわけ日本が主導する二国間クレジット（JCM）などの事業が進められることになるでしょう。

カーボンクレジットビジネス
商社のなかには20年以上も前に、カーボンクレジットを扱う子会社を設立した企業もある。

ボランタリークレジット
主にNGOなど、民間主体で運営されるシステムにおけるカーボンクレジット。第三者認証を通じてCO_2排出削減の信頼性を得ることで、一般企業などのCO_2排出削減の手段として用いることができるが、パリ協定における削減目標達成に使用することは想定されていない。

パリ協定のルールに則ったクレジット
パリ協定では、第6条（市場メカニズム）でカーボンクレジットなどの扱いを規定している。クレジットには2種類あり、1つは二国間の取り決めでCO_2排出削減プロジェクトを実施し、その削減分を二国間で分けるもの。もう1つは国連が管理するプログラムを通じてプロジェクトを実施し、クレジットを発行するもの。

● ボランタリークレジットのプロジェクト別取引量（2019年）

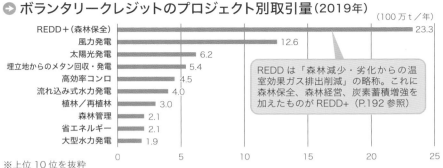

（100万t／年）

- REDD＋（森林保全） 23.3
- 風力発電 12.6
- 太陽光発電 6.2
- 埋立地からのメタン回収・発電 5.4
- 高効率コンロ 4.5
- 流れ込み式水力発電 4.0
- 植林／再植林 3.0
- 森林管理 2.1
- 省エネルギー 2.1
- 大型水力発電 1.9

REDD は「森林減少・劣化からの温室効果ガス排出削減」の略称。これに森林保全、森林経営、炭素蓄積増強を加えたものが REDD+（P.192 参照）

※上位 10 位を抜粋
出典：環境省「COP27 を踏まえたパリ協定 6 条（市場メカニズム）解説資料」（2023 年 3 月）をもとに作成

● 二国間クレジット制度（JCM）のイメージ

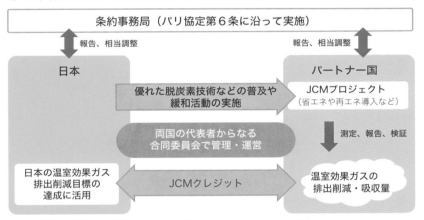

条約事務局（パリ協定第 6 条に沿って実施）

報告、相当調整

日本

優れた脱炭素技術などの普及や緩和活動の実施

両国の代表者からなる合同委員会で管理・運営

日本の温室効果ガス排出削減目標の達成に活用

JCMクレジット

報告、相当調整

パートナー国

JCMプロジェクト
（省エネや再エネ導入など）

測定、報告、検証

温室効果ガスの排出削減・吸収量

出典：環境省「JCM（二国間クレジット制度）について」をもとに作成

❗One Point

カーボンクレジットビジネスの効果

　CO₂ 排出削減に関しては、カーボンクレジットによる削減より、直接的な削減のほうが社会的に高い評価を受けます。さらに、2050 年にカーボンニュートラルな社会になると、CO₂ 排出削減ではクレジットが創出されなくなり、DACCS（P.184 参照）や BECCS（P.182 参照）のようなカーボンマイナスによるクレジットであることが必須となります。カーボンクレジットビジネスは CO₂ 排出を削減しますが、削減によるクレジットではカーボンニュートラルにはできないからです。

農業、漁業、畜産業

環境負荷を軽減して持続可能な農畜水産物の供給を目指す

農業、漁業、畜産業は、今後、脱炭素化に向けて大きく変わる可能性があります。生産品目によっては、これまでのやり方を変える必要がある一方、取り組み方によって新たなビジネスチャンスにもつながりそうです。

温室効果ガスを発生させない農業へ

日本では農業の脱炭素化といっても実感がないかもしれませんが、土地利用の観点で、いくつかの問題とリスクが指摘されています。農地は炭素を吸収する能力がある一方、**肥料由来の一酸化二窒素（N_2O）や水田由来のメタンなど、温室効果ガスの発生源**ともなっています。そのため、農法を変える必要が生じる可能性があります。また、気候変動は栽培する作物にも影響を及ぼすため、気温上昇に適応した作物の栽培が進むかもしれません。

エネルギーの観点では、**営農型太陽光発電（ソーラーシェアリング）の拡大**（P.136参照）が期待されます。また、加温のエネルギー消費が多い温室栽培は、ソーラーシェアリングとバイオマス燃料の併用で脱炭素化を促進できるでしょう。

持続可能な漁業と漁船の脱炭素化

漁業は気候変動に大きな影響を受ける一方、持続可能な漁業にすることも求められています。たとえば、海水温の変動により、サンマの漁場が北上するなど、沿岸漁業の魚種が変化していることは知られています。その一方で、一部の漁業では乱獲による生物資源の減少が問題となっています。そのため、**持続可能な漁業での水産物であることを示す水産エコラベル**ができています。

気候変動と生物多様性の観点から、漁業は今後、さまざまな取り組みが必要になるでしょう。たとえば、漁礁づくりは水産資源を増やすだけではなく、海藻も増やすことで、CO_2吸収を促進させます。これはブルーカーボンと呼ばれています。また、いずれ漁船の燃料の脱炭素化も必要となるかもしれません。

水産エコラベル
国連食糧農業機関（FAO）が1995年、「責任ある漁業のための行動規範」を採択し、これを受けて各国で水産資源の保護や生態系保全などの取り組みを認証する水産エコラベル制度ができた。日本ではマリン・エコラベル（MEL）が2007年に発足し、認証を行っている。

➡ 農業由来の温室効果ガスの排出量

世界の農林業由来の温室効果ガス排出量

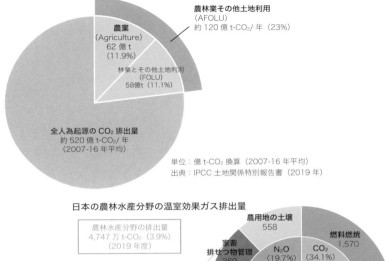

農林業その他土地利用
（AFOLU）
約 120 億 t-CO₂/ 年 （23%）

農業
(Agriculture)
62 億 t
（11.9%）

林業とその他土地利用
（FOLU）
58億t （11.1%）

全人為起源の CO₂ 排出量
約 520 億 t-CO₂/ 年
（2007-16 年平均）

単位：億 t-CO₂ 換算 （2007-16 年平均）
出典：IPCC 土地関係特別報告書 （2019 年）

日本の農林水産分野の温室効果ガス排出量

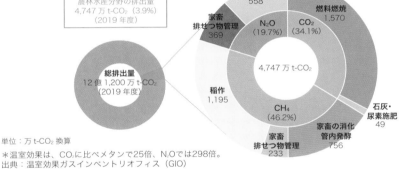

農林水産分野の排出量
4,747 万 t-CO₂ （3.9%）
（2019 年度）

総排出量
12 億 1,200 万 t-CO₂
（2019 年度）

農用地の土壌
558

家畜
排せつ物管理
369

N₂O
（19.7%）

CO₂
（34.1%）

燃料燃焼
1,570

4,747 万 t-CO₂

稲作
1,195

CH₄
（46.2%）

石灰・
尿素施肥
49

家畜の消化
管内発酵
756

家畜
排せつ物管理
233

単位：万 t-CO₂ 換算

＊温室効果は、CO₂に比べメタンで25倍、N₂Oでは298倍。
出典：温室効果ガスインベントリオフィス （GIO）

出典：農林水産省 「農業分野における気候変動・地球温暖化対策について」（令和 3 年 12 月）をもとに作成

環境負荷を軽減して持続可能な畜産業へ

　畜産業には、牛のゲップ（P.14 参照）や糞尿によるメタン発生をはじめ、牧場開発のための森林伐採、広大な農地を使った飼料栽培など、さまざまな課題があります。その一方で、畜産業の価値は、牧草などの人間が食べられないものを、肉や牛乳、卵などの食べられるものに変えることにあります。また、エネルギーの点では、牧場向けのソーラーシェアリングの提案がなされており、糞尿バイオマスの利用も進められています。これからは、持続可能な畜産業が必要となるでしょう。

気候変動問題はお金で解決？

対策をリードする金融業界

Chap3 では、業界ごとの脱炭素化の動向についてまとめました。このなかで、金融業界を最初に紹介した理由は、近年の気候変動対策をリードしてきたのが、ほかならぬ金融業界だからです。

金融業界では、「CO_2 を大量に排出する（＝持続可能ではない）事業には投融資できない」という認識が広まっていきました。それは、投融資したお金が戻ってこないかもしれない、すなわち長期的にはリスクが高いと判断されるということです。

また、排出量取引という制度も、金融業界なしには考えられません。この制度があることで、投資先として、脱炭素化を進める企業のコストとメリットを比較できるからです。

気候変動問題が深刻化するに従い、CO_2 排出に対する評価は厳しくなります。現在では石炭火力発電所はいずれ座礁資産となるため、投資対象として不適格とみなされるようになっています。

広い視野で持続可能性を判断

しかし、実をいうと筆者には、こうした傾向が必ずしもいいものとは思えません。なぜなら、お金に結びつかない脱炭素化の取り組みや、そのほかの環境対策は後ろに追いやられてしまうからです。実際に、途上国の持続可能な開発に向けた脱炭素化の投資は大きく不足しています。

また、地球全体で生物多様性の保全を目指す「生物多様性条約」についても、生物の遺伝子資源の権利などをめぐる条約(カルタヘナ議定書)のみが先行しています。それは、途上国の生物には、新しい抗生物質をつくり出すものなど、経済的に価値のある遺伝子をもつ生物がいるからです。その一方で、全般的な生態系の保護は後回しにされてきました。

グローバル化した資本主義社会においては、各国政府の力よりも、資本力のほうが強いのかもしれません。しかし、それで世界中の人々が幸せになれるのかというと、そう単純なことではないと思います。

今後、金融業界にはより長期的で広い視野をもつことだけではなく、政府や国際機関、NGO などと協調し、真に持続可能な開発に寄与する案件を見定め、資金供与を進めていくことが望まれます。

サプライチェーンとライフサイクルの脱炭素化戦略

脱炭素化に取り組むうえで、各企業は自社のCO_2排出のみ

削減すればよいわけではありません。調達する原料、輸配送、

製品使用など、サプライチェーン全体で脱炭素化を図ることが

求められます。ここでは、直接的な排出と間接的な排出に分け、

サプライチェーンの各段階における戦略を考えてみましょう。

CO₂排出量とスコープ1, 2

事業活動を通じて排出されるCO_2を把握する

社会が脱炭素に向かうなか、企業にはサプライチェーンを構成する各社がどれくらいのCO_2を排出しているかを計算して把握することが求められています。CO_2排出量は、直接排出と間接排出に分けて計算します。

事業活動で排出されるCO_2

企業は事業活動を通じてCO_2を排出しています。たとえば、工場でボイラーなどを使用すると、その燃料としてガスや石油などが消費され、これらを燃焼するとCO_2が排出されます。また、日本では空調や照明、OA機器などで使われる電気の7割は火力発電所でつくられ、電気を生成するときにCO_2が排出されます。空調や照明、OA機器などは製造時にもCO_2が排出されています。

脱炭素といってもすぐに100%できるわけではなく、できるところから脱炭素化していくことが必要です。そのためには、まず**各社がCO_2をどれくらい排出しているかを知る**ことが重要です。

事業所のCO_2排出量から計算してみる

ガソリン1Lあたり
ガソリンや軽油、都市ガス・LPガスには決まったCO_2排出原単位がある。たとえば、ガソリン1Lあたり2.32kg、都市ガス1m³あたり2.23kgなど。

電気1kWhあたり
契約している電力会社や契約メニュー、年度などによりCO_2排出原単位が異なる。東京電力エナジーパートナーの場合、1kWhあたり0.447kg（2022年度）だが、再エネ100%のメニューの場合CO_2は0kgとなる。

事業活動で排出されるCO_2をすべて把握することは困難ですが、自社の事業所であれば把握が容易です。具体的には、**事業で使うガソリンやガスなどの直接的に排出されるCO_2**と、**電気消費を通じて発電所から間接的に排出されるCO_2**です。これらはそれぞれ、CO_2排出の「スコープ1」「スコープ2」と呼ばれています。

CO_2排出量を計算する方法は簡単です。毎月、「どのくらいのガソリンやガスなどの燃料を購入したか」「どのくらいの電気を消費したか」といったデータは購買部門や経理部門にあります。そこに、たとえばガソリン1Lあたり、あるいは電気1kWhあたりのCO_2排出量を掛けることで計算できます。

最近は、CO_2排出量を見える化するアプリも登場しています。こうしたアプリでは、エネルギーだけではなく、購入した資材などのCO_2排出量もある程度計測できるようになっています。

⊃ CO₂排出の3つのカテゴリ

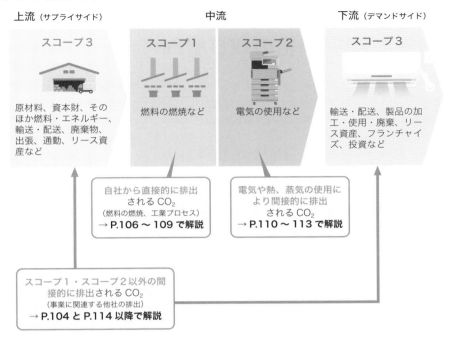

出典：環境省「サプライチェーン排出量の算定と削減に向けて」を参考に作成

❶One Point

開発が進むCO₂の見える化システム

　CO₂排出量の削減は、どの企業も燃料や電気の消費量の把握から始まります。とはいえ、現代ではすでに、資材の調達や物流、販売した製品の利用など、広範にわたるCO₂排出量の見える化が求められています。いきなりすぐに対応することは難しいですが、いずれ必要になるでしょう。大規模な事業所では省エネに取り組むため、エネルギーを見える化するシステムの導入が進んでいます。同様に、これからはCO₂排出量を見える化するシステムの導入が進むでしょう。すでに大手電機メーカーやIT企業からスタートアップまで、さまざまな企業がシステムやサービスの提供を開始しています。

サプライサイドとデマンドサイドの脱炭素化の取り組み

多くの企業において、CO_2 排出量の割合の最も多いのは、スコープ3由来のものです。これからの脱炭素化戦略では、事業所から排出される CO_2 の削減だけではなく、サプライチェーンや製品・サービス全体での削減を考える必要があります。

サプライサイドのCO_2排出削減の取り組み

スコープ3の CO_2 排出とは、**サプライチェーンや製品利用など、自社の事業所以外から間接的に排出される CO_2** のことです。電気を除く調達した原材料由来の CO_2 排出（サプライサイド）、製造した商品由来の CO_2 排出（デマンドサイド）、そして出張や通勤由来の CO_2 排出の、大きく3つに分けることができます。さらに、P.105の表に示したように、15のカテゴリとその他に分類できます。

一般的にサプライサイドからの CO_2 排出量で割合が多いのは、カテゴリ1の原材料などの調達であり、次いでカテゴリ4の物流・配送が多いです。実際に、Apple をはじめ、ソニーやトヨタ自動車などの大手企業は、部品の調達などにあたり、**取引先に再エネ利用などを要請する**ようになってきました。

デマンドサイドのCO_2排出削減の取り組み

デマンドサイドの脱炭素化では、カテゴリ11の製品使用時の CO_2 排出量と、カテゴリ12の製品廃棄時の CO_2 排出量が多くを占めます。代表的な製品が自動車です。製造時に徹底した省エネや再エネ利用を進めても、燃費の悪い自動車を製造すると、削減量の何倍もの CO_2 を排出してしまいます。使用時にエネルギーを消費する製品においては、**いかに省エネとなる製品を製造するかが脱炭素化戦略で重要**になります。

廃棄も同様です。プラスチック容器は焼却時に CO_2 を排出しますが、紙容器であれば植物由来なのでカーボンニュートラルです。また、**リサイクルしやすい製品を製造することで、廃棄時の CO_2 排出を削減**できます。

Apple
サプライチェーンの脱炭素化の取り組みを推進する企業としてよく知られている。同社は、2030 年までにサプライチェーンのカーボンニュートラル実現を目指しており、Apple に部品を提供している日本企業は以前から、少なくとも Apple 向けの分だけは再エネ利用が求められていた。

● スコープ3の15のカテゴリ分類

		カテゴリ	該当する活動（例）
サプライサイド	1	購入した製品・サービス	原材料の調達、パッケージングの外部委託、消耗品の調達
	2	資本財	生産設備の増設（複数年にわたり建設・製造されている場合には、建設・製造が終了した最終年に計上）
	3	スコープ1・スコープ2に含まれない燃料およびエネルギー活動	調達している燃料の上流工程（採掘・精製など）調達している電力の上流工程（発電に使用する燃料の採掘・精製など）
	4	輸送・配送（上流）	調達物流、横持物流（社内の拠点間の輸送）、出荷物流（自社が荷主）
	5	事業から出る廃棄物	廃棄物（有価のものは除く）の自社以外での輸送、処理
	6	出張	従業員の出張
	7	雇用者の通勤	従業員の通勤
	8	リース資産（上流）	自社が賃貸しているリース資産の稼働（算定・報告・公表制度では、スコープ1・スコープ2に計上するため、該当なしのケースが大半）
デマンドサイド	9	輸送・配送（下流）	出荷輸送（自社が荷主の輸送以降）、倉庫での保管、小売店での販売
	10	販売した製品の加工	事業者による中間製品の加工
	11	販売した製品の使用	使用者による製品の使用
	12	販売した製品の廃棄	使用者による製品の廃棄時の輸送、処理
	13	リース資産（下流）	自社が賃貸事業者として所有し、他社に賃貸しているリース資産の稼働
	14	フランチャイズ	自社が主宰するフランチャイズ加盟者のスコープ1・スコープ2に該当する活動
	15	投資	株式投資、債券投資、プロジェクトファイナンスなどの運用
		その他	従業員や消費者の日常生活

出典：環境省「サプライチェーン排出量算定の考え方」をもとに作成

● One Point

スコープ3はサプライチェーン企業のスコープ1・2

　大手企業がスコープ3のCO$_2$排出削減に取り組み始めたということは、サプライチェーンを担う企業にとっては、これまで取り組んでいなかった脱炭素化に対応する必要が生じたということです。非上場企業であっても最低限、スコープ1と2のCO$_2$排出量の公開や削減などの取り組みが求められています。

スコープ1の脱炭素化戦略①

建物や設備、機器などの省エネとエネルギー管理

事業を通じて排出される CO_2 削減において、最初に取り組むべきは省エネです。省エネ対策としては、事業で使用する建物や機器、設備などで、さらなる省エネを進めることが求められます。また、エネルギー管理システムの技術開発も必要に迫られています。

建物の断熱性能、機器や設備における省エネ

省エネは、脱炭素化の取り組みとして目新しいものではありませんが、まだまだ実施できることはたくさんあります。

EU では、2020 年に欧州グリーンディール（P.44 参照）を発表しましたが、そこで最初に取り上げられたのが、建物の省エネでした。既存の建物について、**窓の改修などにより断熱性能を向上させ、空調の運用を効率化すれば、日本でも 10%超のエネルギー削減となる省エネが可能**です。ほかにも、照明をはじめとする機器の省エネ、生産設備や製造設備の効率的な運用など、まだまだ省エネができる可能性が高いと考えられています。

2022 年には建物の断熱性能を義務化する「建築物省エネ法」が改正され、断熱性能の基準が設けられています。しかし、欧米と比較して基準が低いという批判もなされています。

建築物省エネ法
建築物のエネルギー消費性能の向上を図るため、性能基準への適合義務や、性能向上計画の認定制度などの創設を講じる法律。

エネルギー管理システムの新たな技術

大規模な事業所では、エネルギー管理システム（EMS）（P.190 参照）が導入されています。EMS はさまざまな機能のものがあり、電力を使いすぎるとアラートが出るものから、エネルギー使用量を可視化して空調などを自動制御するものまであります。

これまで事業所向けに提供されていた低価格の EMS は、電気使用量のピークカット（P.190 参照）をするものが多くありました。しかし、これでは本当の省エネになっていません。これからは、単純な省エネや自動制御だけではなく、**日中の太陽光発電の電気を優先的に使うしくみ**や、**電気が不足しがちなときに節電してくれる機能**をもつような EMS の登場が求められています。

⊙ 施設別のエネルギー使用量に対する省エネのポテンシャル

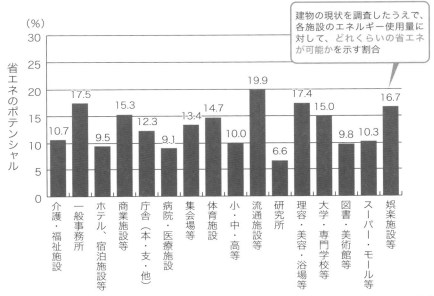

建物の現状を調査したうえで、各施設のエネルギー使用量に対して、どれくらいの省エネが可能かを示す割合

出典：一般財団法人 省エネルギーセンター「ビルの省エネルギー ガイドブック 2021」をもとに作成

⊙ エネルギー管理の体制

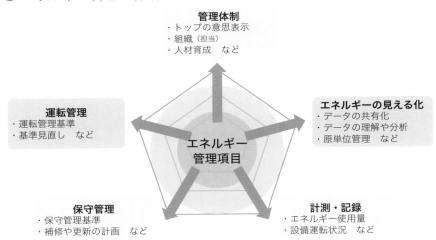

出典：一般財団法人 省エネルギーセンター「ビルの省エネルギー ガイドブック 2021」をもとに作成

使用する燃料を石炭・石油から天然ガスやバイオマス、電化へ

事業所では、熱源や自家用発電設備などの燃料に石炭や石油などを使用しており、とりわけ一部の製造業では大量に消費しています。これを、天然ガスやバイオマスへ転換したり電化したりすることにより、CO_2 排出の削減が期待できます。

石炭や石油などの化石燃料からの転換

コージェネレーション
電気と熱の両方をつくるシステム。燃料を使って発電し、排熱を給湯や空調に利用することで、エネルギー効率を引き上げることができる。

電化
電気は比較的、再エネを利用しやすい。これに対し、燃料を使う場合、バイオマスやグリーン水素などは供給量が限られるため、再エネ化しにくい。そのため、熱源などを電化＋再エネ化していくことが求められる。

太陽熱利用
太陽熱温水器など、太陽の熱をそのまま熱源として給湯や暖房などに利用すること。

エコキュート
「自然冷媒 CO_2 ヒートポンプ給湯機」のこと。エアコンで使われる代替フロンなどではなく、CO_2 を冷媒として使うことで、高温のお湯をつくることができる。日本が独自に開発した技術で、欧米向けにセントラルヒーティング用製品も製造されている。

　事業所では、冷暖房や給湯、そのほかの熱源、自家用発電設備などの燃料として、石炭や石油を使用しているところがあります。特に多くの製造業では、ボイラーで高温の蒸気などをつくっています。エネルギーを大量に使用する際、かつて石炭は安価な燃料でしたが、燃焼時には大量の CO_2 を排出します。

　そのため、CO_2 排出の少ない**天然ガスやバイオマスなどへの燃料の転換**、あるいは**コージェネレーション**など電気と熱を同時につくる設備や太陽熱温水器などの導入が進められています。

電化による省エネとCO_2排出削減

　脱炭素で重要な役割を果たすのは電化といわれています。太陽熱利用やバイオマス燃料と比べ、太陽光発電や風力発電の導入は進んでいます。そこで、**熱源や輸送のための燃料を電化することが重要**になります。さらに、火力発電の電気ではなく、再エネの電気を利用すれば、CO_2 排出をゼロに近づけられるでしょう。

　電気を熱源として利用するためのキーとなる技術がヒートポンプ（P.172 参照）です。ヒートポンプはエアコンや冷蔵庫、エコキュートなどでも使われています。1 の電気エネルギーから 3 以上の電気エネルギーを取り出すことができ、それだけでも省エネになりますが、さらに電化も実現できるのです。

　欧米では給湯や暖房のために、ガスなどを燃料としたボイラーが一般的ですが、これをヒートポンプ式の設備へ更新することが進められています。日本ではエコキュートが普及しているので、日本企業にとって欧米市場でのビジネスチャンスといえます。

⮕ 化石燃料の熱量あたりのCO₂排出量

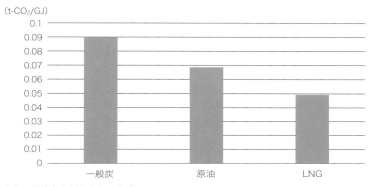

(t-CO₂/GJ)

横軸: 一般炭 / 原油 / LNG

出典：環境省資料をもとに作成

⮕ 発電技術のライフサイクルでのCO₂排出量

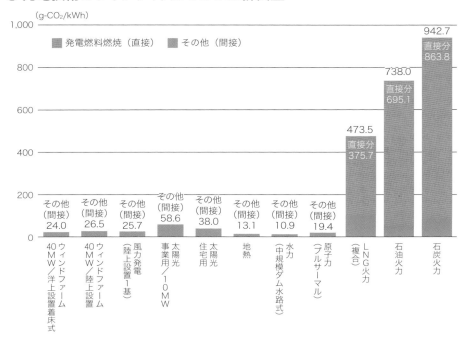

(g-CO₂/kWh)

■ 発電燃料燃焼（直接）　■ その他（間接）

	その他（間接）	直接分
40MW／ウィンドファーム／洋上設置着床式	24.0	
40MW／ウィンドファーム／陸上設置	26.5	
風力発電（陸上設置1基）	25.7	
太陽光事業用／10MW	58.6	
太陽光住宅用	38.0	
地熱	13.1	
水力（中規模ダム水路式）	10.9	
原子力（フルサーマル）	19.4	
LNG火力（複合）	473.5	375.7
石油火力	738.0	695.1
石炭火力	942.7	863.8

出典：電力中央研究所「日本における発電技術のライフサイクル CO₂ 排出量総合評価」
出所：資源エネルギー庁「『CO₂ 排出量』を考える上でおさえておきたい 2 つの視点」（2019-06-27）をもとに作成

SECTION 05

非化石証書やカーボンクレジットとセットにしたグリーン電力の利用

電力会社から供給される電気を使うとき、事業所から CO_2 が直接排出されるわけではありませんが、火力発電などを利用している場合、発電所から CO_2 が排出されています。これを再エネ由来の電気に変えることで、CO_2 排出削減につなげることができます。

CO_2排出量がゼロのグリーン電力

電力会社から供給される電気では、電力会社ごとに電気 1 kWh あたりの CO_2 排出量（排出原単位）が決められています。これは、電力会社ごとに電気を供給する発電所が異なるためです。再エネや原子力などでの発電は CO_2 排出がゼロですが、石炭火力による発電は CO_2 が排出されます。そのため、**CO_2 排出量の少ない電気に切り替えることで、スコープ2の脱炭素化**につなげられます。

CO_2 排出ゼロの電気のうち、大規模水力を除く再エネ由来のものは「グリーン電力」と呼ばれます。しかし、送電線を流れる電気はどの発電所のものか区別できません。そこで非化石証書により排出原単位をゼロにしてグリーン電力としています。

電力会社が**再エネ発電所から電気を調達し、非化石証書とセットで供給すると、「再エネ100%」の表示が可能なグリーン電力**といえます。しかし電力の卸市場から調達し、非化石証書とセットで供給すると、「実質再エネ100%」となり、グリーン電力とはいわれません。ただし、この場合も CO_2 排出量はゼロとなります。

カーボンクレジットと組み合わせた電力利用

日本独自のカーボンクレジットであるJ- クレジット（P.62 参照）は、省エネや再エネのプロジェクトによる CO_2 の排出削減量や吸収量を国が認証する制度です。**電気に再エネ由来のJ- クレジットを組み合わせることで、グリーン電力にする**こともできます。

また、非化石証書は電気とセットで購入する必要がありますが、J- クレジットは単独で購入できるので、イベントなどの限られた場面でのグリーン電力利用にも使えます。

排出原単位
発電による CO_2 排出量は、発電方法などによって異なり、石炭火力発電が最も多く、再エネ発電や原子力発電はゼロとみなされる。小売電気事業者ごとに、電気を供給する発電所や、電気の組み合わせは変わり、1kWh あたりの CO_2 排出量＝排出原単位が異なる。

非化石証書
火力発電所以外の CO_2 を排出しない発電所由来の電気は、電気そのものの価値のほか、環境価値をもつ。この環境価値が実質的な非化石証書である。再エネ由来の非化石証書、原子力や廃棄物由来も含めた非化石証書などの種類がある。原則、需要家は電気とセットで小売電気事業者から購入する。

◉ 非化石価値(非化石証書)によるグリーン電力化

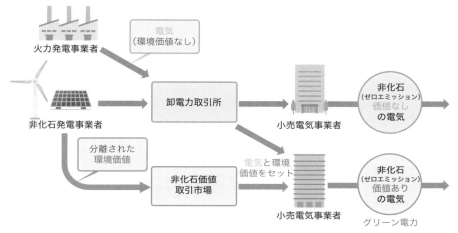

出典：資源エネルギー庁「非化石価値取引市場について」をもとに作成

◉ カーボンクレジット(J-クレジット)のしくみ

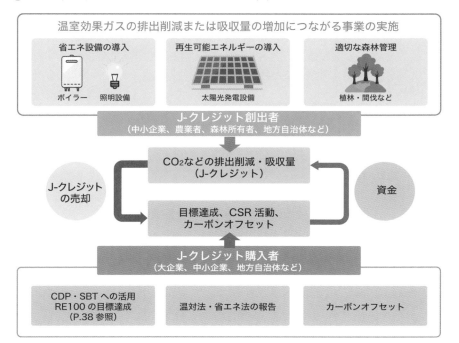

出典：J-クレジット制度 Web サイト「J-クレジット制度について」をもとに作成

スコープ2の脱炭素化戦略②

再エネ由来の電気を
直接供給してもらうPPA

事業所が再エネ由来の電気を使用するにあたり、近年増えているのがPPA（電力販売契約）です。これは、再エネ発電所と事業所が直接契約するしくみで、オンサイトPPAやオフサイトPPA、フィジカルPPAやバーチャルPPAなど、さまざまな形式があります。

日本で広まるPPA

長期契約
発電事業のリスク回避のため、10年から20年といった長期間にわたる事業所の契約が前提となっている。

デメリット
オフサイトPPAは託送料金が必要になるが、近年は電気料金が大幅に値上がりしており、PPAの電気は相対的に安くなっている。

フィジカルPPA
発電所の電気を、送電線を通じて需要家に供給するしくみのPPA。需要と供給が一致し、決済しやすい。

バーチャルPPA
事業所では発電所から非化石証書だけを買い取り、電気は別途、小売電気事業者から購入するしくみ。

差金決済
正確には、バーチャルPPAで電気の価格を決めておき、市場価格で安く売れると事業所が補填、逆に市場で高く売れると事業所が差額を受け取るというしくみ。これにより、PPAの発電所の事業性が保たれることになる。

PPA（電力販売契約）とは、**発電事業者と顧客の事業所（需要家）が電気の供給契約を直接結ぶしくみ**です。電力を脱炭素・再エネ化するしくみとして米国を中心に拡大し、日本でも広まっています。

日本で比較的普及しているPPAはオンサイトPPAです。これは、**発電事業者が顧客の事業所（需要家）の屋根や敷地内、隣接地などに再エネ発電所をつくり、電気を直接供給する**しくみです。事業所は初期投資なしで敷地内などに再エネ発電所を設置でき、送電線を使わないので電気代を比較的安く抑えられるというメリットがあります。デメリットとしては、長期契約が必要で、事業所そのものが将来にわたって存続していることが条件になります。

オフサイトPPAのしくみ

オンサイトPPAだけでは、使用する電力の一部しか賄えないのが一般的です。そこで、**発電事業者が発電所を事業所から離れた場所に設置し、送配電会社の送電線を使って電気を供給する**ことで再エネを利用するしくみを、オフサイトPPAといいます。

メリットは規模の大きな発電所を設置できることです。デメリットは送電線の使用料（託送料金）などがかかることと、長期契約のための事業所の信頼度（与信力）などが必要なことです。

オフサイトPPAには、フィジカルPPAとバーチャルPPAがあります。フィジカルPPAは、小売電気事業者による需給管理が必須です。**バーチャルPPAは、事業所で使う電気をすべてPPA由来のものにできます。**ただし、発電した電気を市場で売るとき、市場より安い場合は、事業所に追加支払いが生じます（差金決済）。

⊙ PPAのしくみ

●オンサイトPPA

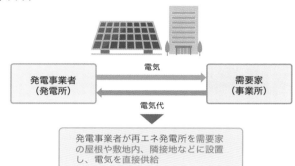

発電事業者が再エネ発電所を需要家の屋根や敷地内、隣接地などに設置し、電気を直接供給

●オフサイトPPA（フィジカル）

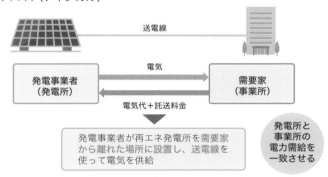

発電事業者が再エネ発電所を需要家から離れた場所に設置し、送電線を使って電気を供給

発電所と事業所の電力需給を一致させる

●オフサイトPPA（バーチャル）

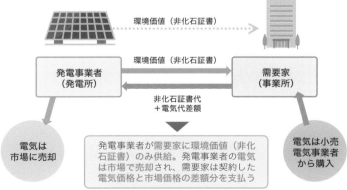

電気は市場に売却

発電事業者が需要家に環境価値（非化石証書）のみ供給。発電事業者の電気は市場で売却され、需要家は契約した電気価格と市場価格の差額分を支払う

電気は小売電気事業者から購入

※小売電気事業者による非化石証書とのセットでの供給が必要

スコープ3の脱炭素化戦略①
再エネ電力の導入を促進するための新しいPPA事業と技術

> サプライチェーンを担う企業の脱炭素化を促進するためには、それらの企業を支援していくことが必要です。PPA（P.112参照）は中小企業にとって簡単ではありません。海外では、大手企業がサプライヤー企業のPPAを支援しています。

PPAをシェアする取り組み

PPAを実施するには、長期契約が前提となっており、需要家の信頼度（与信力）が必要となります。とはいえ、サプライチェーンに連なる中小企業の多くは、事業を存続できるかわからないというリスクがあります。そのため、PPA導入は難航しているのが実態です。

そこで考えられたのがシェア型PPAです。シェア型PPAとは、サプライチェーンを支える企業で1つの発電所を共有（シェア）するPPAです。フランスに本拠を置くシュナイダーエレクトリックでは、サプライヤー企業を集めてリスクを小さくし、複数企業によるシェア型PPAを実現しています。また、このしくみを製薬業界や米ウォルマートの企業にも提供しています。日本でもこうした取り組みが期待されます。

製薬業界
製薬会社の多くはサプライチェーンが共通することから、十数社がグループをつくり、サプライチェーンの再エネ化に取り組んでいる。

ネットメータリングによる電気料金の計算

シェア型PPAと似たものに、コミュニティソーラーがあります。これは太陽光発電を複数の需要家で使うしくみです。米国では一般家庭向けサービスが普及していますが、これを中小企業向けに応用することもできます。

また、発電所と需要家の電力計の数値を合わせ、電気料金をまとめることをネットメータリングといいます。しかし、発電所に需要家ごとの電力計を取り付けることはできません。そのため、発電した電気を適切に需要家に配分した仮定で、電気料金をまとめることになります。その計算や配分の方法、そのためのシステムなどの課題がありますが、シェア型PPAにも必要な技術です。

配分した仮定
仮想のネットメータリングで、バーチャルネットメータリングと呼ばれている。

● シェア型PPAのしくみ

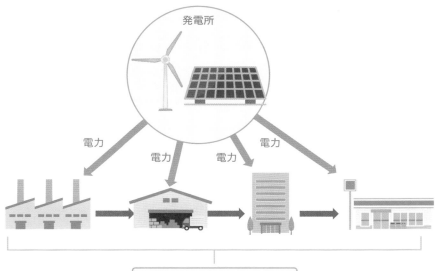

● コミュニティソーラーとバーチャルネットメータリング

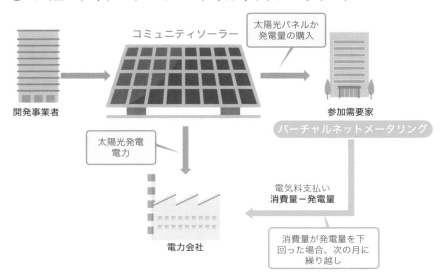

スコープ3の脱炭素化戦略②

データセンターの
消費電力の抑制と再エネ化

スコープ3のカテゴリ1では、購入した製品やサービスにおける CO_2 排出が算定の対象になります。特に、CO_2 排出量の増加につながっているのが、データセンターの拡大と、それに伴う消費電力の増大です。

急増するデータセンターの消費電力

現代社会は急激な情報化の進展のなかにあります。あらゆるサービスがネットワークによる通信抜きには考えられなくなり、膨大なデータがデータセンターにストックされ、利用されています。さらに将来にわたり、**データ量も通信量も指数関数的に増大する**ことが見込まれています。当然、そこに使われる**電力も急増**します。試算によると、2018年における日本のデータセンターの消費電力は約140億kWhとされており、これは日本全体の消費電力の約1％を超えます。このまま情報化が進むと、2030年には現在の6倍以上、2050年には現在の日本全体の消費電力を軽く超えてしまいます。そのため、**脱炭素化戦略を考えるうえで、データセンターは重要なターゲット**となっています。

データセンターの消費電力の再エネ化

かつて、データセンターの消費電力のおよそ3割は空調といわれていました。サーバーから熱が発生するため、データセンター内の冷却が必要だからです。そのため、データセンターを寒冷地に設置するといったことも行われてきました。しかし、最近では水冷式の冷却により、**空調コストは大幅に減ってきています**。また、コンピューターそのものの効率化も進んでおり、**演算にかかるエネルギーが数分の一**といったレベルで減っています。

それでも、データ量や通信量の増大に対応してくためには、**消費電力の再エネ化が効果的**といえます。実際に、AWS を運営する Amazon や Google Cloud を運営する Google は、積極的に再エネ電力を調達しています。

水冷式の冷却
空気でサーバーを冷却する空冷式に対し、水冷式は冷却水を施設内のパイプに流し、温まった冷却水を冷却塔で冷やすしくみ。設備は複雑になるが冷却効果が高く、サーバーの配置もコンパクト化できる。

AWS
Amazon Web Services の略で、Amazon が提供するクラウドコンピューティングサービス。

Google Cloud
Google が提供するクラウドコンピューティングサービス。

● データセンターにおける消費電力の機器別内訳（2017年）

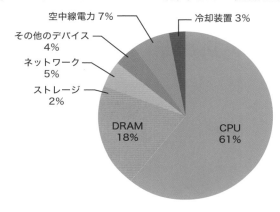

出典：国立研究開発法人 科学技術振興機構 低炭素社会戦略センター「情報化社会の進展がエネルギー消費に与える影響（Vol.2）」（令和3年2月）をもとに作成

● インターネットトラフィック量の推移

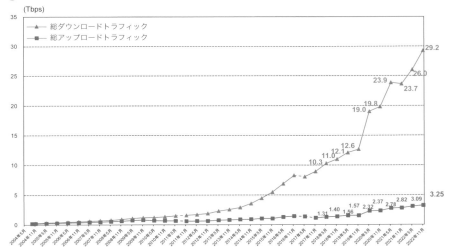

出典：総務省「我が国のインターネットにおけるトラヒックの集計結果（2022年11月分）」（令和4年8月2日）をもとに作成

テレワークやサテライトオフィスで通勤時のCO₂排出を削減

スコープ3には、従業員の働き方によるCO₂排出も含まれています。近年はコロナ危機の影響によりテレワークが普及し、通勤によるCO₂排出量は減少傾向にあります。さらに、サテライトオフィス（P.126参照）によるCO₂排出削減なども取り組まれています。

テレワーク普及によるCO₂排出の変化

テレワーク
テレワークでは、パソコンなどを使って自宅で作業をするほか、会議などはオンライン会議のアプリで実施する。

テレワークとは、ここでは自宅やコワーキングスペースなどを利用し、オフィスに出社しない働き方を指します。2019年末からの世界的なコロナ危機の影響で、対面によるコミュニケーションを回避するため、日本でもテレワークが普及しました。

テレワークを活用すると、CO₂排出を削減できます。右ページの図のように、通勤（とりわけ自動車通勤）からのCO₂排出削減に加え、オフィスの空調や照明、OA機器の利用によるCO₂排出も削減できます。一方、**自宅などでのCO₂排出は増加**することになります。ただし、一定規模以上の事業所の場合、自宅からの排出増を考慮しても、全体としては削減になるようです。

サテライトオフィスによるCO₂排出削減

オンライン会議などが普及したことにより、従業員が一か所のオフィスなどに集まる必要性が減り、事業所を分散化できるようになりました。もし**居住地の近くで働くことができれば、テレワークと同様、通勤時のCO₂排出削減**につながります。

米国では、自動車による通勤が一般的なので、サテライトオフィスによるCO₂排出削減効果が高いという調査結果があります。日本の場合、大都市圏を離れたサテライトオフィスで勤務すると、かえって自動車通勤が増えてしまいかねません。しかし、通勤時間の減少と、住宅環境の改善により、生活の質が向上する可能性があります。**再エネ電力の利用や自転車通勤、EV利用などをセットにして、サテライトオフィスによる脱炭素化**を考えることになるでしょう。

▶ テレワークによるオフィスでのCO₂排出削減効果

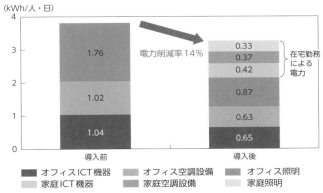

(kWh/人・日)

導入前	導入後
1.76	0.33 / 0.37 / 0.42
1.02	0.87
1.04	0.63 / 0.65

電力削減率14%

在宅勤務による電力

■ オフィスICT機器　■ オフィス空調設備　■ オフィス照明
■ 家庭ICT機器　■ 家庭空調設備　□ 家庭照明

出典：総務省「平成22年度 次世代のテレワーク環境に関する調査研究」
出所：環境省「平成30年版 環境・循環型社会・生物多様性白書」をもとに作成

▶ サテライトオフィスとメインオフィスのイメージ

職住接近による生活の質の
向上と、質の高い住環境に
よる生産性の向上

サテライトオフィス

メインオフィス

本社機能を備え、社内での定期的な
オフライン会議と、サテライト
オフィスとのオンライン会議を実施

❶ One Point

オンライン会議は出張のCO₂排出抑制にも貢献

　人が乗り物を使って移動する場合、その乗り物が CO₂ を排出します。したがって、オンライン会議の活用により、なるべく出張などの移動を控え、移動する際は航空機以外の公共交通機関を利用することが、CO₂ 排出削減につながります。特に航空機は CO₂ 排出が多いことから、移動手段の検討が求められています。

スコープ3の脱炭素化戦略④
トラックから鉄道・船舶での輸送にモーダルシフト

かつての物流の主役は鉄道と船舶でしたが、現在はトラックに代わられています。同じ距離を輸送する場合、トラックは鉄道や船舶と比較して CO_2 排出量が多く、鉄道や船舶への回帰が求められています。

桁違いに多いトラック輸送のCO_2排出量

トラック輸送は、鉄道や船舶と比較すると、**さまざまな場所への輸送がしやすく、早く届けられる**というメリットがあります。そのため、今ではトラックが貨物輸送の主役になっています。

しかしトラック輸送は、鉄道輸送や船舶輸送に比べ、CO_2 排出量が桁違いに多くなります。もちろん、トラックそのものの燃費は向上していますが、それでも大きな差があります。

モーダルシフトと電気自動車

物流の脱炭素化には、大きく分けて2つの方法があります。その1つがモーダルシフトです。モーダルシフトとは、これまでトラックで長距離輸送をしていたものを、**CO_2 排出量の少ない輸送手段に切り替える**ことです。実際に、鉄道輸送や船舶輸送を増やす方針を示している企業もあります。鉄道輸送や船舶輸送は、トラック輸送に比べて時間がかかるため、モーダルシフトは簡単ではありません。それでも、時間に余裕がある場合、鉄道や船舶を優先して利用することで、CO_2 排出量を削減できます。

もう1つの方法は**貨物車の CO_2 の低排出化**です。今後は電気自動車の導入が注目されるでしょう。長距離トラック用の電気自動車の開発が進められているものの、まだ航続距離などの課題があります。その点、ラストワンマイルなど、**近距離であれば電気自動車を導入しやすい**といえます。自家用貨物車は営業用貨物車と比べ、CO_2 排出量が多いですが、こちらは電気自動車に代替されていくことでしょう。電気自動車の普及そのものがあまり進んでいないものの、将来の選択肢として有望と考えられます。

自家用貨物車
いわゆる自社保有のトラックなど（ナンバープレートが白）。短距離輸送が多く、輸送量あたりの CO_2 排出量が多いため、低公害車導入などの効果は高いといえる。

営業用貨物車
物流会社の貨物車（ナンバープレートが緑）。1台あたりの輸送量×輸送距離の平均は、自家用貨物車の10倍であり、CO_2排出削減においては極めて重要な輸送手段である。また、ドライバー不足への対策ともなる。

電気自動車に代替
特にミニバンのような小型の電気自動車は比較的見かけることが多い車種。

● モーダルシフトのイメージ

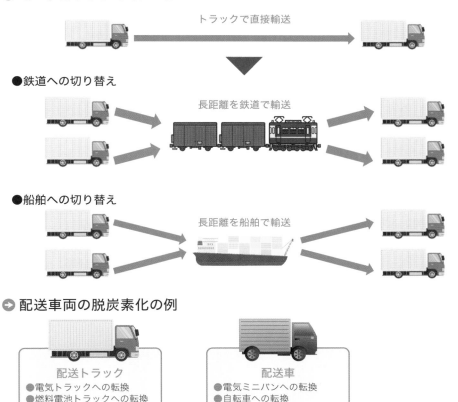

トラックで直接輸送

●鉄道への切り替え

長距離を鉄道で輸送

●船舶への切り替え

長距離を船舶で輸送

● 配送車両の脱炭素化の例

配送トラック
●電気トラックへの転換
●燃料電池トラックへの転換

配送車
●電気ミニバンへの転換
●自転車への転換

● One Point

国際貨物も船舶で輸送

　航空機は船舶に比べ、CO_2 排出量がはるかに多くなります。そのため、人の移動における不必要な航空便の利用は、CO_2 排出削減の観点から減らすことが求められています（P.90 参照）。国際的な貨物輸送においても、可能な範囲で船舶の利用が求められます。船舶での輸送はどうしても時間がかかりますが、一度に大量に輸送できるというメリットがあります。そのため、輸送コストを減らすことにもつながります。

SECTION 11

ライフサイクルアセスメントを考え CO₂排出を減らす製品を製造

製品の多くは、利用者が使い、廃棄することによっても、CO_2 を排出します。とりわけ、自動車などのエネルギーを多量に使う製品では、省エネとなる製品の製造が重要となります。また、廃棄時にできるだけ CO_2 を排出しない素材を使うことも求められます。

使用時のCO₂排出を考慮した省エネ化が必要

ライフサイクル
生物の誕生から死滅までと同様に、製品の製造から廃棄までの一生をライフサイクルと呼ぶ。

CO_2 の排出削減においては、製品の製造から廃棄まで、製品のライフサイクルを考慮して実現していくことが必要です。このように、**製品のライフサイクルを考え、製品の環境負荷を定量的に評価する手法をライフサイクルアセスメント**といいます。

自動車やエアコンなど、製品の使用時にエネルギーを使う場合、ライフサイクルにおける CO_2 排出量を削減するためには、省エネ化がとても重要になります。

ガソリン車の乗用車の場合、ライフサイクルにおける CO_2 排出量は、製造時の数倍になるという試算もあります。自家用車として休日しか運転しないのであれば、CO_2 排出量はまだ少なくて済みますが、商用車であれば使用するガソリン量も多く、CO_2 排出も大幅に増加することになります。

廃棄時にCO₂を排出しない製品設計

リサイクル
製品や部品、素材などを再度使えるようにすること。ただし、製品の再利用（リユース）はリサイクルとは異なる。空き缶の金属などの再利用はマテリアルリサイクル、プラスチックを化学変化させて液化・ガス化することをケミカルリサイクル、燃料として利用することをサーマルリサイクルという。

製品の使用と並び、CO_2 排出削減のポイントとなるのが、製品の廃棄です。多くの製品は、廃棄時に焼却処分をするとなると、その分の CO_2 が排出されます。また、解体してリサイクルするとしても、そのためのエネルギー消費が CO_2 排出につながります。

廃棄時の CO_2 排出を減らすためには、なるべく**リサイクルしやすい製品にする**ことと、**焼却しても CO_2 排出が少なくなるように設計する**ことが効果的です。たとえば、プラスチック容器はもともと石油なので、焼却すれば石油を燃やすことと同じです。そのため、なるべく軽量にすることや、あるいは紙などのバイオマス素材に代替することで、CO_2 排出を削減できます。

➡ 製品のライフサイクルのイメージ

出典：国立研究開発法人 国立環境研究所「ライフサイクルアセスメント（LCA）」（2007年7月2日号）
をもとに作成

➡ ライフサイクルアセスメントにおけるガソリン自動車と電気自動車の比較

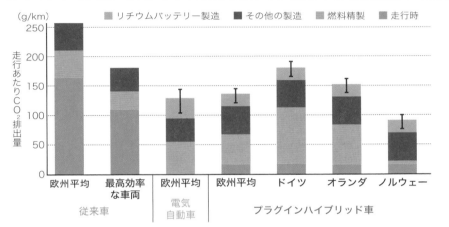

出典：ICCT（2018）「Effects of battery manufacturing on electric vehicle life-cycle greenhouse gas emissions」より作成
出所：環境省「自動車による排出量のバウンダリに係る論点について」をもとに作成

❶One Point

使用時のCO₂排出削減の実現は技術だけではない

　自動車やエアコンなどの製品について、なるべくエネルギー効率がよいものを製造し、CO_2排出削減を進めるのは、メーカーの責任です。しかし、同時に使用する側の利用者にも責任があります。なるべく省エネになるように、自動車であればエコドライブ、エアコンであれば省エネモードの使用や適切な温度設定などを行う必要があります。そして、省エネになる使用方法を伝えることもメーカーの責任といえるでしょう。

スコープ3の脱炭素化戦略⑥
カーボンフットプリントによる商品・サービスのCO₂排出の可視化

商品やサービスの CO_2 排出量を、ライフサイクルの観点から換算して表示するしくみを「カーボンフットプリント」といいます。CO_2 排出削減のためには、カーボンフットプリントなどにより CO_2 排出量を可視化し、削減に取り組むことが必要です。

カーボンフットプリントの意義

そもそも私たちの経済活動は、気候変動以外にもさまざまな影響（足跡）を残します。大きな足跡は環境を破壊するおそれがあるため、いかに足跡を小さくするかがとても重要です。

カーボンフットプリント（炭素の足跡）とは、**環境への影響のうち、CO_2 排出に焦点を当てたもの**です。私たちが CO_2 排出の少ない商品やサービスを選択していくためには、カーボンフットプリントに関わる情報があることが望ましいといえます。

カーボンフットプリントの課題

カーボンフットプリントには、いくつかの国際ルールがあります。標準規格としてはISO14067やWBCSDのGHGプロトコル、ガイドラインとしてはWBCSDのパスファインダー・フレームワークがあります。とはいえ、これらは**包括的な内容であり、課題は多い**といえます。

また、可視化にも課題があります。使用するデータは、**原材料からの直接のデータではなく、原材料ごとに決められた平均値が使われる**ことが多く、この場合はサプライヤーの CO_2 排出削減の努力が反映されないことになります。そのため、なるべく原材料やサプライヤーからの直接のデータを使うというのが、世界的な流れになっています。

カーボンフットプリントを具体的に測定して算出する取り組みも進められており、日本でもいくつかの企業がそれぞれ特徴あるアプリを開発し、商品化しています。また、カーボンフットプリントのコンサルティングサービスを提供する企業も増えています。

ISO14000 シリーズ
環境マネジメントに関する国際規格群の総称。ISO14001 が具体的な環境マネジメント実施の手引き。ほかにもさまざまな規格があり、ISO14064 が気候変動、ISO14067 がカーボンフットプリントに関する手引きとなる。

WBCSD
World Business Council for Sustainable Development の略で、持続可能な開発のための世界経済人会議のこと。持続可能な開発を目指す約 200 社の企業が参加する組織で、政府や NGO と協力し、さまざまな課題に取り組んでいる。

パスファインダー・フレームワーク
企業間で CO_2 排出量のデータを一致させ、製品に関連する CO_2 排出量を整合性のある数値にするためのガイドライン。

カーボンフットプリントの役割

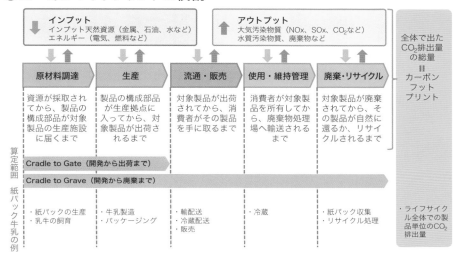

出典：経済産業省「第1回 サプライチェーン全体でのカーボンフットプリントの算定・検証等に関する背景と課題」（2022年9月22日）をもとに作成

企業がカーボンフットプリントに取り組む意義

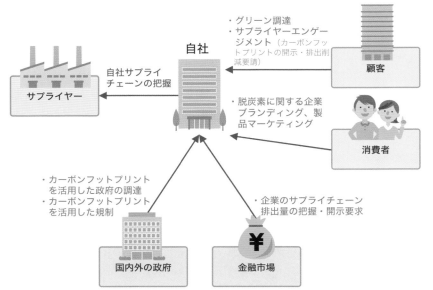

出典：経済産業省「第1回 サプライチェーン全体でのカーボンフットプリントの算定・検証等に関する背景と課題」（2022年9月22日）をもとに作成

地域のエネルギーサービスによる
エネルギーの地産地消

脱炭素化戦略には、サプライチェーン全体にかかわるものがあります。エネルギーの地産地消は、サプライチェーンの上流と下流の両方に関わり、地域全体の脱炭素化と経済の循環にも影響を与える戦略です。

地域のエネルギー事業の課題

FIT
Feed-In-Tariff の略で、固定価格買取制度のこと。再エネ由来の電気を 10 年間から 20 年間にわたり、決まった価格で買い取る制度（P.48 参照）。

　地域のエネルギー事業といえば、以前は太陽光発電などの再エネ発電設備を設置し、FIT で売電して利益を上げるものでした。これにより、**地元の再エネ事業が活用され、日本全体の脱炭素化に貢献**しています。再エネ開発には地元企業が関わり、一部は地元企業が開発主体として地域のエネルギー事業を推進してきました。また、小売電気事業に参入する地域エネルギー事業者（地域新電力）もあります。しかし、**FIT で電力会社に売電し、卸市場で電気を購入するという事業では、エネルギーの地産地消に結びつきにくい**という課題がありました。

エネルギーの地産地消を促進するPPA

　近年では FIT が縮小し、これに代わって PPA 事業（P.112 参照）が拡大しています。**PPA では、電気を地元の企業や自治体、あるいは地域新電力に直接販売できます。** これは結果的にエネルギーの地産地消につながっていくことになります。

　地域の中小企業には、長期契約を前提とする PPA はハードルが高いものでしたが、地域新電力を通じた契約や、複数企業でまとまっての契約など、ハードルを下げる方法も検討されています。

サテライトオフィス
IT 開発など、必ずしも都市部の本社に勤務する必要のない従業員に対して、住環境に優れ、通勤の利便性のよい地域に居住して仕事をするための、地域に設置したオフィス。再エネを利用しやすいなどのメリットもある（P.118 参照）。

　エネルギーの地産地消は、地域の脱炭素化と雇用の拡大につながるだけではありません。**脱炭素を掲げて地元企業をアピールすることや、サテライトオフィスの誘致**などにもつながります。

　こうした地産地消を目指す地域のエネルギー事業を推進するためには、企業単独ではなく、自治体や地域の金融機関、そのほか地域のネットワークが不可欠です。

⭢ FITからPPAへ移行する地域のエネルギー事業

●FITによる再エネ開発と地域新電力

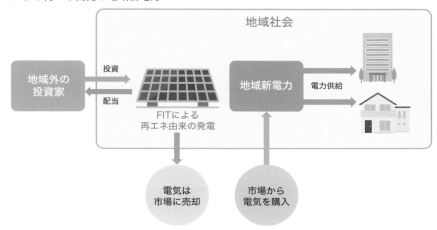

●PPAを活用した再エネ開発と地域新電力

❶ One Point

地域新電力の新たな可能性

　特定の地域を対象にした小売電気事業は、地域新電力と呼ばれています。地域の電源の有効活用や地域密着型サービスの展開など、大手電力会社にはない魅力がありました。しかし、FITの電気は卸市場価格と同じであり、不足分も卸市場などから購入してきたため、その多くが苦しい経営を強いられています。そうしたなか、FITではない地域の再エネ電源からの電気購入や、PPAによる新規サービスなどは、地域新電力の新たな可能性として注目されています。

SECTION 14
省エネとスマート化による
地域循環型社会・経済の確立

脱炭素化戦略においては、エネルギーを効率的に使うことが不可欠です。エネルギー利用などが効率化された都市をスマートシティといいます。ITやIoT、AIなどを活用し、エネルギーにとどまらない効率化が追及されています。

地域全体でのエネルギーの効率化

事業所ごとに省エネに取り組むことは大切ですが、地域全体で省エネに取り組むことができれば、エネルギーをより効率的に使えるようになります。たとえば、地域熱供給という事業では、**地域内に大規模な空調設備や給湯設備、発電設備、コージェネレーション設備を導入し、適切に運用する**ことで、大規模なエネルギー効率化を実現しています。新宿新都心や六本木ヒルズなど、都市部での導入が目立ちますが、地方でも岩手県紫波町などで、バイオマス燃料を利用した地域熱供給事業が行われています。

地域熱供給
1か所の設備で給湯や暖房などをまとめて行い、導管を通じて地域や建物に供給するシステム。

ITによる都市のスマート化

スマートシティとは、**エネルギー利用にとどまらない、多様な面でスマート化された都市**のことです。ITはスマート化に不可欠です。設備やセンサーなどにIoT（P.94参照）を導入してモニタリングしたり制御したりすることで、エネルギーの効率利用につながります。エネルギー以外にも、交通や流通、ヘルスケア、犯罪防止など、さまざまな分野でITを活用できます。最近では、**建物や設備、都市のさまざまなデータをIoTなどから収集し、コンピューター上で再現するデジタルツイン**（P.170参照）という技術が注目されています。この技術により、エネルギー利用の無駄をリアルタイムでなくしていくことが可能となります。

制御
エネルギーの制御にAIを使うと省力化を図ることもできる。

再エネ設備や蓄電池などもデジタルツインに組み込まれることで、発電状況に応じた電気使用などが行いやすくなり、より効率的に利用できるようになるでしょう。ITにより効率化が促進された結果、都市はさまざまな分野でスマート化が図られていきます。

⮕ スマートシティの定義（国土交通省）

都市の抱える諸課題に対して、ICTなどの新技術を活用しつつ、マネジメント（計画、整備、管理、運営など）が行われ、全体最適化が図られる持続可能な都市または地区。

交通

・公共交通を中心にあらゆる市民が快適に移動可能な街

自然との共生

・水や緑と調和した都市空間

省エネルギー

・機器利用と再エネ利用の両面から建物・街区レベルにおける省エネを実現
・太陽光、風力などの再エネ活用

安全安心

・災害に強い街づくり・地域コミュニティの育成
・都市開発において、非常用発電、備蓄倉庫、避難場所などを確保

資源循環

・雨水などの貯蓄・活用
・排水処理による中水（再利用水）を植栽散水などに利用

出典：国土交通省「スマートシティの実現に向けて【中間とりまとめ】」（平成30年8月）をもとに作成

⮕ 都市のスマート化のイメージ

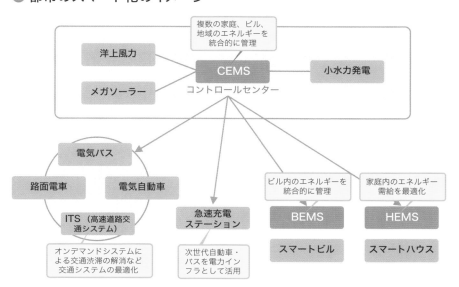

出典：資源エネルギー庁「スマートコミュニティ」をもとに作成

スコープ3がなくなる日までのロードマップ

優先度を決めて脱炭素化に着手

　企業における脱炭素化の取り組みは、自社の事業所でのスコープ1・2から、サプライチェーンやサプライ（供給）サイド、デマンド（需要）サイドでのスコープ3へと関心が移行しつつあります。こうした傾向が進むことで、サプライチェーンを担うほぼすべての事業所がCO_2排出削減に取り組むことが必須となり、製造する製品のCO_2排出削減も必須となっています。とはいえ、企業がスコープ1～3までのすべてにおいて、CO_2排出をゼロにすることは、すぐには実現できません。そこで優先順位をつけ、実施しやすいところから着手していくことになります。

脱炭素化のロードマップの策定

　それでは、脱炭素化に向けたロードマップは、どのように策定していけばよいのでしょうか。具体的には、現在から2050年までの期間のなかで、途中に2030年と2040年の中間地点を置きます。そして、それぞれの地点に目標を書き込んでいくのです。たとえばCO_2排出を、スコープ1・2は2030年までにゼロに、スコープ3のうちサプライサイドに対し

ては2030年に半減、2040年にゼロにする、といったイメージです。

　長期的な課題はデマンドサイドにあります。CO_2排出の多い製品は市場では選ばれません。そのため、2040年にはCO_2排出ゼロの製品を開発できている必要があります。業種によっては、事業の変革が求められるかもしれませんが、そのために20年弱の期間を使うことができます。2040年から2050年までは、脱炭素社会に貢献する自社の立場を固める10年となるでしょう。

脱炭素社会に貢献する要素が必要

　ただし、2050年にCO_2排出をゼロにするという目標では問題があります。なぜなら、2050年には社会全体がカーボンゼロになっている前提に立つと、その時点でスコープ1～3はすべてCO_2排出ゼロになっているはずであり、CO_2排出削減が価値をもたないからです。そして、脱炭素社会に貢献する製品やサービス以外は受け入れられない可能性があります。

　こうしたことを念頭に、自社の2050年までのロードマップの策定を検討してみましょう。

エネルギーの脱炭素化に関する技術

脱炭素化に向け、まず必要とされるのは、CO₂を排出せずに

エネルギーを生み出すことです。太陽光や風力、水力などの

再エネを使うことで、カーボンニュートラルを実現できます。

ここでは、CO₂排出を伴わずにエネルギーを生成する技術の

しくみや課題、最新の動向などについて解説します。

SECTION 01
さらなる導入量拡大と技術開発が求められる太陽光発電

日本で最も身近な再エネといえば太陽光です。太陽光発電は、太陽の光のエネルギーを電気に変えるしくみで、日本で急速に普及しました。今後はさらに拡大させ、日本では2030年に1億kW超の導入量を目指しています。

半導体
金属のように電気を通す導体とゴムのように電気を通さない絶縁体の中間の性質をもつ物質。2種類の半導体を接合することで、一方にしか電気が流れない回路がつくれる。

シリコン
ケイ素のこと。一般的に半導体の素材として使われている。

ペロブスカイト
もとは灰チタン石のこと。太陽電池では、立方体と正八面体を組み合わせた独特の結晶構造をもつ素材全般を指し、構成する元素の種類により、光を電気に変える特性が高くなる。

FIP
Feed-In Premium の略で、再エネの電気に一定の補助額(プレミアム)を付け、再エネ発電事業を行いやすくするしくみ。電気の市場価格が高い(需要が多く供給が少ない)ときに電気を売るインセンティブが働くため、平均市場価格に応じてプレミアムが変動し、平均市場価格が低いとプレミアムが上がる。

太陽光を電気に変えるしくみと新素材

太陽光発電は、**太陽電池により太陽光のエネルギーを電気に変換する**しくみです。一般的な太陽電池は、2種類の半導体を接合してできています。これは、一方にしか電気を流さないダイオードと同じしくみで、光が当たると電子が一方向に飛び出します。これを電気回路につなぐことで、電気が流れます。

1枚の太陽電池の発電量は小さなものですが、これを**大量に直列につなぐことで大容量化が可能**です。ただし、太陽光発電により生成する電気は直流のため、送電網に電気を供給するときにはパワーコンディショナーを通じて交流にする必要があります。

太陽光発電の素材は主にシリコンですが、新しい素材の研究も進められています。代表的なものがペロブスカイトと呼ばれるものです。印刷や塗布によってつくることができ、軽量でゆがみにも耐えるため、さまざまな場所に設置できるようになります。

太陽光発電の導入予測

日本では現在、太陽光発電の導入量が7,000万kWを超えるほどあります。これは2012年に導入されたFIT(P.48参照)による成果です。しかし、日本のCO_2排出削減に向けた再エネ導入量としてはまだまだ不足しています。政府の第6次エネルギー基本計画では、日本がパリ協定の目標を達成するためには、**累積で1億1,760万kW程度まで増やすことが必要**とされています。しかし、太陽光発電向けのFITは実質的に終了しており、代わって導入されたFIPはなかなか導入拡大に結びつきません。政府のさらなる導入支援策が必要といえます。

太陽電池のしくみ

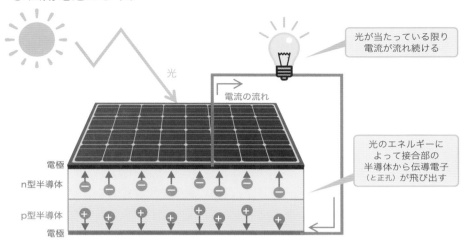

光

電流の流れ

光が当たっている限り
電流が流れ続ける

光のエネルギーに
よって接合部の
半導体から伝導電子
（と正孔）が飛び出す

電極
n型半導体
p型半導体
電極

太陽光発電協会（JPEA）による太陽光発電の導入量（累計）の見通し

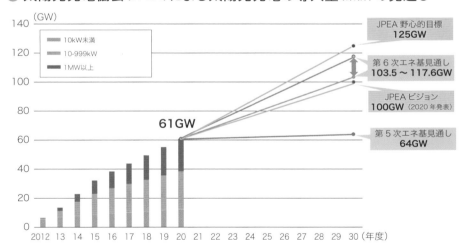

(GW)

- 10kW未満
- 10-999kW
- 1MW以上

61GW

JPEA 野心的目標
125GW

第6次エネ基見通し
103.5 ～ 117.6GW

JPEA ビジョン
100GW（2020年発表）

第5次エネ基見通し
64GW

2012 13 14 15 16 17 18 19 20 21 22 23 24 25 26 27 28 29 30（年度）

※ 2020 年度までの実績値は資源エネルギー庁のデータに基づき JPEA が作成
出典：一般社団法人 太陽光発電協会 （JPEA）「太陽光発電の大量導入及び『電力市場への統合』に向けた
　　　視点での課題」（2022 年 3 月 25 日）をもとに作成

未利用スペースを活用して
多様な場所に設置できる太陽電池

日本では近年、森林伐採などを伴う大規模な太陽光発電設備の開発が難しくなっています。そこで今後は、屋根上などの未利用スペースへの設置が増えていくことでしょう。そのためには、柔軟、軽量、衝撃に強いなどといった特性をもつ太陽電池の開発が求められます。

屋根上や駐車場、高速道路などに設置可能

　太陽光発電の特長の1つは、**規模や発電容量などを自由に設計でき、さまざまな場所に設置できる**ことです。日当たりがいいことが大前提ですが、そのうえで未利用スペースに設置できます。

　代表的な場所が屋根上です。住宅用では屋根上が一般的ですが、スーパーや工場、倉庫などの屋根も利用されています。また、駐車場に太陽光発電の屋根を設置するソーラーカーポートというバリエーションもあります。海外では高速道路にも設置されており、日本では鉄道の路線に沿って設置されているケースもあります。これらを含めると、設置場所はまだまだたくさんあるといえます。

　屋根上設置型の太陽光発電の場合、**発電地と需要地が同じであり、送配電が不要**なこともメリットです。建物によっては、上部に重い構造物を設置することが制限されている場合もありますが、ペロブスカイト（P.132 参照）型など、軽量な太陽電池が実用化されれば設置が可能になるでしょう。また東京都のように、新築の建物の屋根に設置が義務化されることになるかもしれません。

ソーラーカーポート
駐車場の屋根にソーラー（太陽光）パネルを設置したもの。ショッピングセンターなどでの活用が期待される。

柔軟で軽量、衝撃に強い太陽電池の開発

　技術開発が進めば、太陽光発電の設置場所の拡大も見込まれます。代表的なものがシースルー型太陽電池です。見た目は透明で、窓ガラスとして利用できる太陽電池です。試験的に国立競技場などで採用されています。将来的に**柔軟で軽量な太陽電池**ができれば、カーテンなどでも発電できるようになるでしょう。また、**衝撃に強い太陽電池**を開発することで、壁や道路上に太陽光発電を設置することも可能になるかもしれません。

シースルー型太陽電池
透明な素材を利用した太陽電池。窓に取り付けられるので、設置場所が増やせる。配線が見えるタイプが一般的だが、見えないタイプの開発も進められている。

屋根上などの太陽光発電設備の導入ポテンシャル

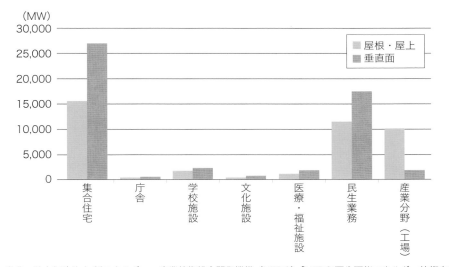

出典：独立行政法人 新エネルギー・産業技術総合開発機構（NEDO）「NEDO 再生可能エネルギー技術白書
［第2版］」をもとに作成

ペロブスカイト型太陽電池に挑む主な日本企業

企業名	概要
株式会社アイシン	自動車部品以外の領域で、新事業として技術開発を進める。2025年に実証試験を開始予定。
株式会社 エネコートテクノロジーズ	「どこでも電源」と命名し、実用化を進めるスタートアップ企業。
株式会社カネカ	これまでにもシースルー型太陽電池などユニークな製品を開発。ペロブスカイト型とシリコン型を組み合わせた高効率な太陽電池の開発に挑む。
積水化学工業株式会社	2023年にビルの外壁に設置した実証試験を開始。東京都とも共同研究。2025年の実用化を目指す。
株式会社東芝	大面積のフィルム型のペロブスカイト型太陽電池を開発。2023年から東急電鉄・青葉台駅で実証試験を開始。
パナソニック ホールディングス株式会社	3年以内の実用化を見据える。1,000億円規模のビジネスに成長することを期待。
ホシデン株式会社	2021年に参入。既存事業の生産設備を利用できることから、2023年度中の量産を目指す。株式会社エネコートテクノロジーズに出資。
株式会社リコー	宇宙空間での使用を想定し、JAXA（宇宙航空研究開発機構）と共同開発を進める。
富士フイルム 和光純薬株式会社	富士フイルムグループの企業で、ペロブスカイト型太陽電池向けのさまざまな試薬を製造。

農作物の栽培と発電を同時に行う ソーラーシェアリング

太陽光発電の新たな取り組みとして注目されているのが、ソーラーシェアリング（営農型太陽光発電）です。発電事業と農業とを両立させることで、電力供給だけではなく、農村地域の経済発展にも寄与することにつながります。

農作物と発電設備で日光をシェア

ソーラーシェアリング（営農型太陽光発電）とは、農地で農業とともに発電を行う取り組みです。農作物の生育には、キノコなどを除き、日光が必要とされます。ただし、必ずしも強い日光が必要なわけではなく、多くの農作物は少し影ができても十分に育ちます。そこで、**太陽光発電設備を設置し、日光を農作物と発電設備でシェアすることで、農業と発電の両方を実現**できるのです。

夏などは日影ができるため、農作業がしやすくなる一方、耕作のための機械使用を考えた設備設置が必要という課題もあります。また、架台の設置部分のみを農地から転用するための許可なども必要になります。さらに制度上、農家は農作物の収穫を、ソーラーシェアリング導入前の8割以上にしておくことも求められます。

農作物を考慮したソーラーシェアリング

ソーラーシェアリングの主役はあくまで農業です。栽培する**農作物の特性に合わせて太陽光発電を行うことになるので、育てる農作物を何にするかを考えていく必要**があります。日影でも育つミョウガやアシタバなどの農作物をはじめ、さまざまなものが育てられています。今後、ソーラーシェアリングに適した農作物や栽培方法などの研究も進んでいくことでしょう。

また、**畜産でのソーラーシェアリング**も試みられています。牧場に東西から日光が当たるよう、垂直に太陽光発電設備を設置すると、発電量そのものは低下しますが、設置しやすいというメリットがあります。また、朝方や夕方などの電気の市場価格が高い時間帯に発電できるというメリットもあるようです。

強い日光は必要なわけではない
ほとんどの植物は、一定の強さ以上の日光が当たっても光合成に限界がある（光飽和点）。光飽和点は農作物により異なるため、太陽光発電設備の配置も変わってくる。トウモロコシのような光飽和点がない農作物には基本的にソーラーシェアリングは向かない。

農業と発電の両方を実現
売電による農業以外の収入や、自家発電によるコスト削減などにより、農家の経営を安定させることにもつながる。

農地の転用
農地は農地法により耕作以外での使用が制限されている。ソーラーシェアリングを導入する場合、架台の杭を打つ部分は耕作以外の使用となるため、農地の一時転用許可を得る必要がある。転用期間は10年間で、その後は再度、転用許可を得ることになる。

◉ ソーラーシェアリングに必要な手続き（神奈川県の例）

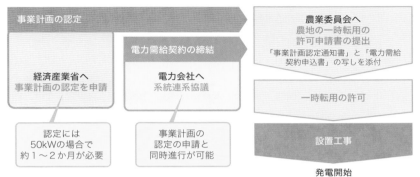

出典：神奈川県県庁「ソーラーシェアリングの魅力」をもとに作成

◉ ソーラーシェアリングのイメージ

パネル

架台
パネルを設置する台であり、パネル以外の構造全体を指す

写真提供：photoAC

❗One Point

ソーラーシェアリングに適した主な農作物

　ソーラーシェアリングの場合、ミョウガのように比較的日影を好む農作物が適しているといわれています。しかし、ほとんどの農作物は光飽和点があり、多少日影があっても十分に育ちます。たとえば、ナスやジャガイモ、大豆などの一般的な農作物も育てられており、ブルーベリー農園やワイン用ブドウ畑、水田の事例もあります。また、最近ではビニールハウスと一体になったソーラーシェアリングで、さまざまな園芸作物が栽培されています。

さまざまな課題があるものの
ポテンシャルが高い陸上風力発電

太陽光と並び、再エネの世界的な主役となっているのが風力です。風力発電設備は、開発の
リードタイム（開発開始から完成までの時間）が長いため、日本では近年、停滞していまし
た。しかし、夜間でも発電できるというメリットがあり、今後の拡大が期待されています。

風況のよい場所に設置されるが環境への配慮も

風力発電は風の力を使って発電するしくみです。1年を通じて
風況のよい場所が選ばれ、発電設備が設置されます。平均風速が
6m/s あれば設置可能ですが、7m/s 以上が望ましいといえます。

風力発電はこれまで、開発しやすい陸上風力発電が中心でした。
日本全体では累積で約 500 万 kW が導入されています。ただし、
環境アセスメント調査や風況調査などに時間がかかるなどの理由
で、太陽光発電より導入が遅れていますが、今後も順次開発が進め
られていく予定です。

課題としては、**風車が回転するときの低周波が近隣住民に影響
を及ぼすほか、景観問題やバードストライク問題などもある**こと
です。そのため、慎重な開発が求められています。日本国内では、
北海道、東北、九州エリアでの設置が多いですが、都市近郊でも
風況のよい場所に設置されるケースがあります。特に北海道のポ
テンシャルが高く、これを活用するためには北海道と本州を結ぶ
送電線の拡充が不可欠です。

効率化のために大型化する設備

風力発電技術の開発は、主に設備の大型化に取り組まれてきま
した。1990 年代は 200kW から 2,000kW クラスへと大型化し、
近年では洋上風力用で 1 万 2,000kW から 1 万 5,000kW クラス
のものも登場してきています。**風況は、より高度の高い場所のほ
うがよく、大型化させることで効率よく発電できるようになる**こ
とが主な要因です。その点、小型の風力発電設備は効率が悪く、
限られた場所での運用となるでしょう。

低周波問題
風力発電設備はプロペ
ラが回転するとき、低
い音や振動を発するた
め、住宅地に近い場所
への設置が難しい。

景観問題
風力発電設備は大型
化し、洋上風力向けの
最新機種では高さが約
200m、陸上風力向け
でも 100m 近くにな
る。この構造物は視界
に入るため、景観に影
響を与える。そのため、
近隣住民の理解が不
可欠。

バードストライク問題
鳥の飛行ルートに風力
発電設備があると、鳥
がプロペラに当たって
死んでしまうことがあ
る。そのため、特に渡
り鳥の飛行ルートにか
からない場所への設置
が必須。

◉ 陸上風力発電の地域別の買取価格のポテンシャル

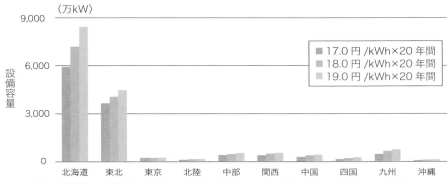

凡例：
- 17.0 円/kWh×20 年間
- 18.0 円/kWh×20 年間
- 19.0 円/kWh×20 年間

縦軸：設備容量（万kW）
横軸：北海道　東北　東京　北陸　中部　関西　中国　四国　九州　沖縄

出典：環境省「我が国の再生可能エネルギーの導入ポテンシャル」（2020 年 3 月）をもとに作成

◉ 陸上風力発電設備の主な構成要素

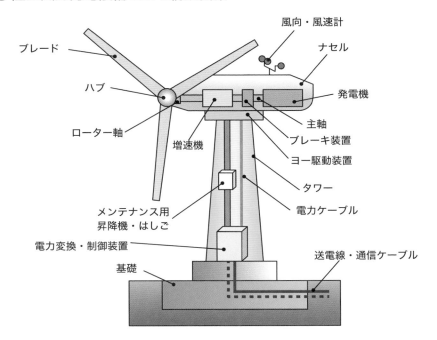

ブレード
ハブ
ローター軸
増速機
風向・風速計
ナセル
発電機
主軸
ブレーキ装置
ヨー駆動装置
タワー
電力ケーブル
メンテナンス用昇降機・はしご
電力変換・制御装置
基礎
送電線・通信ケーブル

出典：独立行政法人 新エネルギー・産業技術総合開発機構（NEDO）「風力発電導入ガイドブック（2008）」
出所：独立行政法人 新エネルギー・産業技術総合開発機構（NEDO）「NEDO 再生可能エネルギー技術白書［第 2 版］」をもとに作成

日本近海に適した浮体式の技術開発が急務の洋上風力発電

近年、風力発電の主役は陸上風力から洋上風力に移行してきています。建設コストが高いものの、大型化がしやすく、設備稼働率が高いことで、収益性が改善されていることがその要因です。日本では公募方式で開発が進められています。

公募方式で開発される洋上風力発電設備

海上は陸上に比べて安定した風が吹くため、比較的安定した電源となりやすく、**将来の再エネの主役として期待**されています。日本風力発電協会（JWPA）によると、日本近海の着床式だけで、1億kWを超えるポテンシャルがあり、2040年までには3,000万kWから4,500万kWを開発していく見通しとされています。

とはいえ、1基あたり1万kW前後という巨大な設備を建設するプロジェクトは大規模になります。また、海域の風況や生態系、海底などの調査にも陸上以上の手間がかかります。そこで、海外では洋上風力発電設備の開発には、**政府などが海域を指定し、事業化調査を行ったうえで、事業者を公募する「セントラル方式」**がとられています。日本ではこれまで、海域ごとの公募方式で開発されており、事業者ごとにそれぞれ事業化調査などを行ってきましたが、今後はセントラル方式に移行する見込みです。

日本近海に適した浮体式洋上風力発電

英国とノルウェーの間にある北海は遠浅の海が広がっており、風況もいいことから、洋上風力発電の適地とされています。その点、日本近海は遠浅の海が少なく、着床式の洋上風力発電設備の建設には限界があります。そこで注目されているのが浮体式です。これは、**風力発電設備を洋上に浮かせるもので、海底に係留でつなぎとめておくしくみ**です。日本でも実証試験が行われてきましたが、波の揺れに対する耐久性など、課題は少なくありません。また、着床式以上にコストもかかります。とはいえ、日本の造船技術が生かせる分野として期待されています。

着床式
洋上風力発電設備の支柱を海底まで到達させて固定する方式。浅い海での設置に向いている。

セントラル方式
洋上風力発電は、風況や環境アセスメントの調査などが大がかりになる。個々の事業者が同じ海域の調査を実施するのは無駄が多く、参入障壁ともなるため、政府などがあらかじめ決められた海域で事業化調査を実施したうえで、事業者を公募する方式。

浮体式
洋上風力発電設備自体が洋上に浮いており、係留により位置を固定する方式。深い海での設置に向いている。

着床式と浮体式の違い

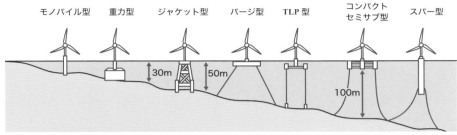

モノパイル型　重力型　ジャケット型　パージ型　TLP型　コンパクトセミサブ型　スパー型

	着床式			浮体式			
	モノパイル型	重力型	ジャケット型	パージ型	TLP型	コンパクトセミサブ型	スパー型
長所	・施工が低コスト ・海底の整備が原則不要	・保守点検作業が少ない	・比較的深い水深に対応可 ・設置時の打設不要	・構造が単純で低コスト化可 ・設置時の施工が容易	・係留による占有面積が小さい ・浮体の上下方向の揺れが抑制される	・港湾施設内で組み立てが可能 ・浮体動揺が小さい	・構造が単純で製造が容易 ・構造上、低コスト化が見込まれる
短所	・地盤の厚みが必要 ・設置時に汚濁が発生	・海底整備が必要 ・施工難易度が高い	・構造が複雑で高コスト ・軟弱地盤に対応不可	・暴風時の浮体動揺が大。安全性などの検証が必要	・係留システムのコストが高い	・構造が複雑で高コスト ・施工効率、コストの観点からコンパクト化が課題	・浅水域では導入不可 ・施工に水深を要し設置難

出典：資源エネルギー庁「洋上風力政策について」をもとに作成

洋上風力の促進区域・有望な区域

	区域	万kW
促進区域	①長崎県五島市沖（浮体）	1.7
	②秋田県能代市・三種町・男鹿市沖	47.88
	③秋田県由利本荘市沖	81.9
	④千葉県銚子市沖	39.06
	⑤秋田県八峰町・男鹿市沖	36
	⑥長崎県西海市江島沖	42
	⑦秋田県男鹿市・潟上市・秋田市沖	34
	⑧新潟県村上市・胎内市沖	35.70
有望区域	⑨青森県沖日本海（北側）	30
	⑩青森県沖日本海（南側）	60
	⑪山形県遊佐町沖	45
	⑫千葉県いすみ市沖	41
	⑬千葉県九十九里沖	40

一定の準備段階に進んでいる区域	⑭北海道檜山沖 ⑮北海道岩宇・南後志地区沖 ⑯北海道島牧沖 ⑰北海道松前沖 ⑱北海道石狩沖 ⑲青森県陸奥湾	⑳岩手県久慈市沖（浮体） ㉑福井県あわら市沖 ㉒福岡県響灘沖 ㉓佐賀県唐津市沖 ㉔富山県東部沖（着床・浮体）

A：事業者選定済 約170万kW
B：秋田八峰・能代沖と合わせ、公募開始予定。約180万kW

出典：資源エネルギー庁「洋上風力政策について」をもとに作成

SECTION 06

地域に根差した安定供給源として期待される水力発電

水力発電は巨大なダムをつくることから、環境への影響が大きいとされてきました。しかし近年は、ダムをつくらない「中小水力発電」が注目されており、安定した再エネとしても高く評価されています。

寿命が長く安定供給が可能な水力発電

水力発電は、**河川における水の落差を利用した発電**であり、位置エネルギーを電気のエネルギーに変換しています。水の流れが安定していれば、安定した発電ができ、水をためて発電すれば、必要時に発電できます。また、設備の寿命が長く、日本では明治時代に建設された水力発電所がまだ現役で稼働しているというケースがあります。

昭和初期までは水力発電が主力でした。その後、火力発電にとって代わられます。この時期の水力発電所は大規模なものが多く、なかでも関西電力黒部第四発電所のダムは「黒四ダム」として知られています。昭和40年頃からは電気を蓄える揚水式水力発電所の建設が盛んになりました。日本では現在、**約2,000か所で約2,000万kWを超える水力発電所が稼働**しています（揚水式を除く）。

農業用水や治水ダムも活用できる中小水力

大規模な水力発電設備の開発は、自然環境に影響を与えるため、国内での開発は難しくなっていますが、**自然の流れを利用した中小水力発電**はまだ大きな開発の余地があります。中小水力発電とは、一般には**1万～3万kWから、それ以下の数十kWまでの水力発電**を指します。また、河川ではなく、農業用水などを利用するケースもあります。このほか、既存の治水ダムなどに、発電所を新たに設置することも可能です。

中小水力発電は、自治体や土地改良組合、農業協同組合など、地域主導で開発・運営されているケースが多く、今後も地域に根差した設備として開発が進むことが期待されています。

明治時代に建設された水力発電所
記録に残る日本最古の水力発電所は、明治21年建設の宮城県にある東北電力三居沢発電所。当時は紡績工場の電源だったが、現在は東北電力の発電所として運転されている。明治24年には日本初の一般供給用の水力発電所として、現在の京都府に第1期蹴上水力発電所が建設された。昭和11年に第1期跡地に第3期が建設され、現在も運用されている。

ダム
水力発電や治水などを目的として河川をせき止める構造物。

揚水式水力発電所
上池と下池の2つの貯水池をつくり、電気が余ったときはポンプで下池から上池に水を汲み上げ、電気が必要なときは上池から下池に流れ落ちる水で発電する。電気を蓄える設備として日本国内では1,600万kW程度が建設されている。

💧 水力発電のしくみ

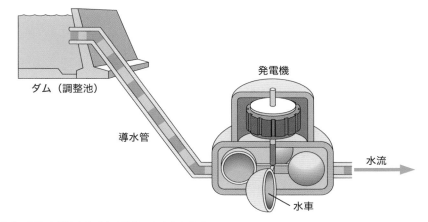

出典：電気事業連合会「水力発電」をもとに作成

💧 日本の利用可能な水力エネルギー量（一般水力）

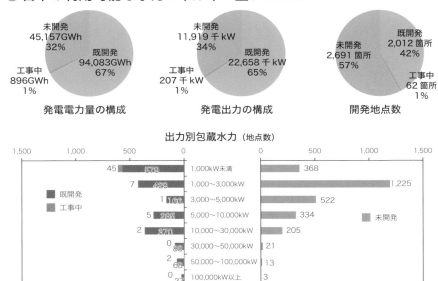

出典：資源エネルギー庁「包蔵水力」（平成 30 年 3 月 31 日現在）
出所：公営電気事業経営者会議、大口自家発電施設者懇話会水力発電委員会、全国小水力利用推進協議会、
　　　水力発電事業懇話会「2030 年 中小水力発電の導入見込みについて」（2021 年 3 月 22 日）をもと
　　　に作成

日本の豊富な資源を活用し 開発拡大が求められる地熱発電

火山国である日本には、地熱資源が豊富にあります。開発はまだあまり進んでいませんが、地熱発電は安定した純国産エネルギーとして期待されています。また、このほかにも潮流や波力など、さまざまな再エネが研究されています。

熱で蒸気を発生させて発電する地熱発電

国立公園
自然公園法に基づき、日本を代表する自然の風景地を保護し、利用の促進を図る目的で環境大臣が指定する自然公園。国（環境省）自らが管理する。

温泉熱
一般的な地熱発電に使われる地中深くにある高圧・高温の熱水に比べ、温泉は地表近くにあり、温度も100℃以下のことが多い。こうした低温の熱でも発電や未利用熱として利用できる。

バイナリー発電
温泉熱などで代替フロンやアンモニアのような気化しやすい物質（熱媒体）を温め、その蒸気でタービンを回す方式。その後、蒸気は冷却されて液体に戻り、再び温泉熱で温められる。温泉熱と熱媒体の2つのサイクルがあるためバイナリーと呼ばれる。

実証実験
海外では英国のスコットランド沖で2万8,000kWの実証プロジェクトが行われている。

日本は世界有数の火山国で、温泉が豊富にあり、**世界第3位の地熱資源**をもつといわれます。ただし、適地が国立公園内にあるなどの理由で開発は十分に行われず、現在では合計約60万kWにとどまっています。しかし、脱炭素社会に向けて開発を加速させ、2030年には約150万kWに拡大させるのが政府の方針です。

一般的な地熱発電は、**地中深くにある高温・高圧の熱水を取り出し、その蒸気の力でタービンを回して発電する**しくみです。熱水がない場合は、水を人工的に注入して蒸気を発生させる方法も研究されています。また、低温の温泉熱などの場合、沸点の低い熱媒体を使うバイナリー発電が実用化されており、中小規模の地熱発電所として運転されています。

そのほかの再エネの可能性

そのほかにもさまざまな再エネが研究・開発されています。特に海洋のエネルギーは比較的注目されています。

潮流発電は、**海の潮汐（潮の満ち引き）の流れを利用した発電**です。潮汐は予測が可能なので、安定電源として期待できます。日本では、長崎県五島市で2021年まで実証試験が行われました。

波力発電は、**波の上下の動きを利用して発電**するしくみです。港湾や洋上での設置が検討されており、国内外で数百kWの実証試験が行われています。

海洋温度差発電は、**表層水と深層水の温度差を使って発電**するしくみです。ハワイで大規模な実証試験が行われているほか、日本でも久米島で実証試験が行われました。

地熱発電のしくみ

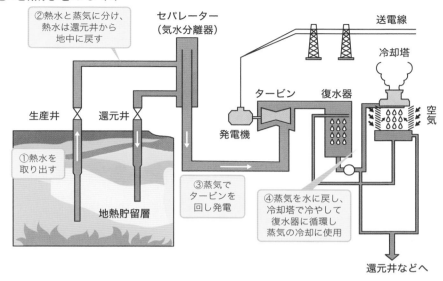

②熱水と蒸気に分け、
熱水は還元井から
地中に戻す

セパレーター
（気水分離器）

送電線

冷却塔

生産井　　還元井

タービン　　復水器

空気

発電機

①熱水を
取り出す

③蒸気で
タービンを
回し発電

地熱貯留層

④蒸気を水に戻し、
冷却塔で冷やして
復水器に循環し
蒸気の冷却に使用

還元井などへ

出典：日本地熱協会「地熱発電のしくみ」をもとに作成

地熱発電の導入目標

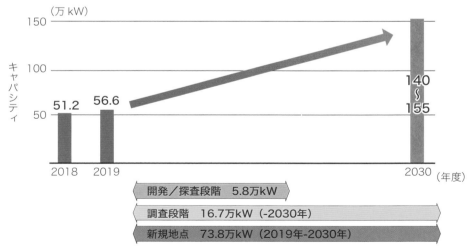

（万 kW）

キャパシティ

150

100

50

51.2　　56.6

140
〜
155

2018　2019

2030　（年度）

開発／探査段階　5.8万kW

調査段階　16.7万kW（-2030年）

新規地点　73.8万kW（2019年-2030年）

出典：資源エネルギー庁「地熱発電の導入拡大に向けた経済産業省の取組」（令和2年1月）をもとに作成

森林伐採や輸送などの課題が多い バイオマス利用

生物由来の燃料はもともと、植物などの光合成により大気中の CO_2 を吸収してつくられた ものなので、上手に使えばカーボンニュートラルになります。環境負荷を高めることなく、 かつ効率的な利用が求められています。

バイオマスがカーボンニュートラルの理由

バイオマスとは、「生物資源」を意味し、とりわけ**生物から生まれたエネルギー資源を指す言葉**としてよく使われます。

エネルギー資源としてのバイオマスには、木質バイオマスのほか、家畜糞尿や食品残渣、下水汚泥なども含まれます。また、発電などに利用しやすくするためにガス化することもあります。

バイオマスはもともと、植物の光合成などによってつくられたものです。したがって、燃焼させると植物が吸収した CO_2 が再び大気中に放出されますが、**大気全体としての CO_2 は増えません。**

バイオマス利用の課題

バイオマス燃料そのものはカーボンニュートラルですが、用いられ方によっては環境負荷が高まります。たとえば、**木質バイオマスの場合は直接、やし殻バイオマスの場合は農園開拓のため、森林伐採を伴います。**これに対応するため、持続可能なバイオマス燃料としての認証制度などがあります。また、輸送時の CO_2 排出も課題となります。たとえば、米国東海岸から日本に木質バイオマスを輸入して発電すると、火力発電に匹敵する CO_2 が排出されると試算されています。したがって、**バイオマス燃料は、なるべく地産地消で利用する**ことが求められます。

また、FIT（P.48 参照）に対応するため、バイオマス発電が盛んに行われていますが、小規模の利用であればバイオマスボイラーなどの熱利用のほうが適しています。燃料以外ではプラスチック原料などの利用も進められています。バイオマスプラスチックであれば、廃棄時に燃焼させてもカーボンニュートラルになります。

木質バイオマス
樹木由来のバイオマス。木材をチップやペレットに加工して用いられることが多い。

家畜糞尿、食品残渣、下水汚泥
いずれも発酵させてメタンガスを発生させ、燃料として利用できる。

環境負荷が高まる
バイオマス燃料の利用の課題から、バイオマス燃料は実質的にカーボンニュートラルではないという認識が広まっている。

やし殻バイオマス
熱帯地方で栽培されるパームやしの殻。農業廃棄物なので低コストで調達しやすい。ただし、農園（プランテーション）開拓の多くが森林伐採を伴うという問題がある。

バイオマスプラスチック
（P.82 参照）

◯ バイオマス利用のカーボンニュートラル

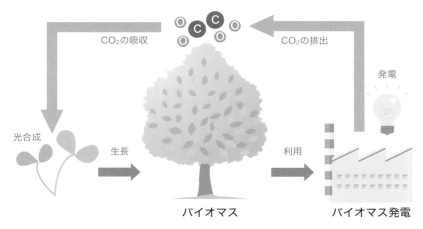

出典：環境展望台（国立研究開発法人 国立環境研究所）「環境技術解説 バイオマス発電」をもとに作成

◯ バイオマス利用のCO_2排出

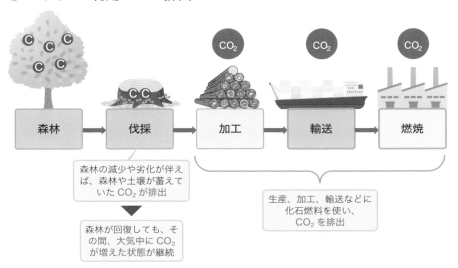

出典：認定特定非営利活動法人 エフ・オー・イー・ジャパン（FoE Japan）「【見解】バイオマス発電は『カーボン・ニュートラル（炭素中立）』ではない」（2020 年 11 月 11 日）をもとに作成

SECTION 09

再エネやCCSなどの活用による カーボンニュートラルな水素

水素は燃焼しても CO_2 が排出されないため、クリーンな燃料といえますが、現在は天然ガスなどからの製造時に CO_2 が排出されています。その点、再エネを使って水素を製造すれば、CO_2 排出の課題をクリアできます。

CO_2を排出せずに生成されたグリーン水素

水の電気分解
水（H_2O）に電気を通すと、マイナス極で電子を受け取って水素（H_2）が発生し、プラス極で電子を放出して酸素（O_2）が発生する。水素の燃焼時にはエネルギーが発生するが、電気分解では電気エネルギーを吸収して水素と酸素に分解される。

水の電気分解を行うと、水素と酸素が生成されます。そこで、再エネで発電した電気を使って**電気分解をすれば、CO_2 が排出されずに水素を生成**できます。こうして生成した水素は「グリーン水素」と呼ばれています。水素は、火力発電や燃料電池の燃料としてだけではなく、アンモニアの原料など多様な用途に使われます。また将来は、**水素還元製鉄（P.186 参照）などにも使われ、カーボンニュートラルな製鉄の実現**につながるでしょう。日本では再エネによる水素製造の実証試験などが行われています。再エネ余剰時に水素を製造しておけば、エネルギーを無駄にせずに済みます。海外では太陽光発電や風力発電によるグリーン水素製造プロジェクトが進められています。

CCSを活用して製造されたブルー水素

天然ガス
天然ガスに含まれるメタン（CH_4）などの炭化水素を水蒸気と反応させると、水素と CO_2 が生成される。

天然ガスを原料として水素を生成すると CO_2 が排出されます。こうしてできた水素は「グレー水素」と呼ばれています。しかし、**発生した CO_2 をガス田に戻す CCS（P.178 参照）を活用すれば、カーボンニュートラルな水素を生成**できます。このようにして製造された水素は「ブルー水素」と呼ばれています。

高温ガス炉
一般の原子炉では、冷却材（熱を運ぶ媒体）として水を使うため、300℃程度までしか利用できないが、高温ガス炉ではヘリウムを使うため、1,000℃程度の熱が取り出せて熱効率のよい原子炉となる。ヘリウムガスでタービンを回して発電できるが、熱そのものを利用し、水を熱分解して水素を取り出すことも理論的には可能。革新的な原子力技術として実証研究中。

課題は、CO_2 を 100％回収して地中に戻すのが難しいことです。そのため、EU では**ブルー水素の CO_2 排出基準**を定めています。

このほか、原子力発電による電気、ないしは原子炉の熱を利用して製造されたカーボンニュートラルな水素は「イエロー水素」や「ピンク水素」と呼ばれることがあります。日本でも、高温ガス炉という原子炉の実証機を使った研究が進められています。

● グリーン水素、ブルー水素、グレー水素の違い

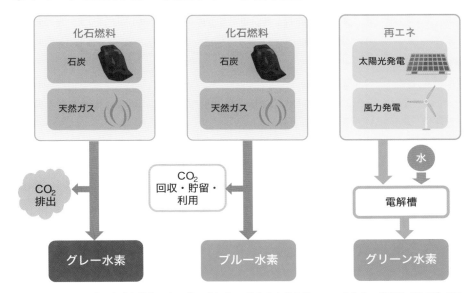

出典：資源エネルギー庁「次世代エネルギー『水素』、そもそもどうやってつくる？」（2021-10-12）をもとに作成

❗One Point

水素利用のネックは輸送と貯蔵

　クリーンなエネルギーとして期待されている水素ですが、利用にあたっては多くの課題があります。その１つが輸送と貯蔵です。水素は沸点が極めて低いため、大量に液化することが困難です。しかも非常に漏洩しやすく、貯蔵も困難です。そのため、海外でグリーン水素を製造しても、輸送コストが極めて高くなります。また、都市ガスとして供給する場合も既存のガス導管が使えません。そのため、地産地消の利用に優位性があります。

クリーンな燃料としての活用が期待されるアンモニアとメタン

水素は輸送や貯蔵が難しいため、アンモニアやメタン（天然ガスの主成分）に変換して利用することが進められています。アンモニアは石炭火力の代替燃料に、メタンは都市ガスの原料として考えられています。

CO_2を排出しないグリーンアンモニアの製造

石炭火力でアンモニアを混焼
石炭火力発電所では石炭を微粉末にしたうえで、ボイラーに吹き込んで燃焼させている。この微粉末の石炭（微粉炭）の代替として、一部をアンモニアに置き換えるというもの。将来はアンモニア専焼の火力発電所にしていくことが狙い。アンモニアは現状でも発電所から排出される硫黄酸化物（SOx）や窒素酸化物（NOx）を中和する物質として使われている。

アンモニア（NH_3）は現在、主に肥料の原料などに利用されていますが、**燃焼時に CO_2 を排出しないため、クリーンな燃料**としても期待されています。日本では石炭火力発電の代替燃料に考えられており、石炭火力でアンモニアを 20％混焼する試験が進められています。液化しやすく輸送しやすいことがメリットですが、有毒性があり、取り扱いに注意が必要です。

現在、アンモニアの原料には天然ガスが使われています。また製造時には高温の熱が必要で、製造時に CO_2 が排出されます。そのため、**グリーン水素（P.148 参照）を原材料としたグリーンアンモニアの製造**が進められています。その１つがサウジアラビアのプロジェクトです。ただし当面は、燃料使用としてより、クリーンな肥料の製造に使用されることが主になると想定されます。

コストと効率が課題のメタネーション

サウジアラビアのプロジェクト
サウジアラビアの大手エネルギー事業者である ACWA パワー社などによるプロジェクト。400 万 kW の再エネ発電所の電力を利用し、年間で最大 120 万トンのグリーンアンモニアを製造する予定。

LNG
液化天然ガスのこと。メタンを主成分とする天然ガスを高圧・低温で液化させたもの。

水素と CO_2 を合成してメタン（CH_4）を製造することをメタネーションと呼びます。メタンは天然ガスの主成分で、都市ガスの原料ともなっています。そのため、**現在のガス導管を使い、燃料として一般家庭などの需要家に供給することが可能**です。同様に、LP ガスの主成分であるプロパンを合成するプロパネーション、さらにはガソリンや航空燃料の合成なども研究されています。

メタンを海外で合成して輸入すると、輸送や貯蔵のコストは LNG と同等で済みます。また、大気中やバイオマス発電所から排出される CO_2 を使えば、カーボンニュートラルなメタンを製造でききます。アンモニアと同様に**コストとエネルギー効率が課題**です。

● サウジアラビアのグリーンアンモニアのサプライチェーン

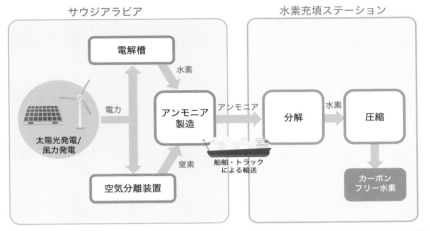

出典：ACWA パワー「Carbon-Free Hydrogen:The Energy Source of the Future」（July 7, 2020）を もとに作成

● メタネーションによるCO₂排出削減効果

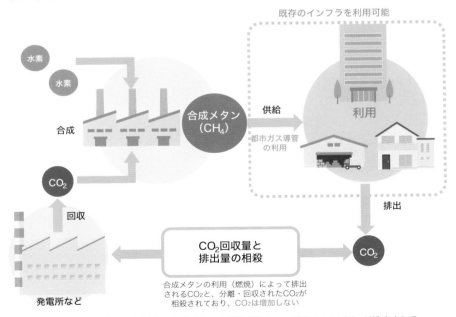

※発電所で化石燃料を使用した場合、合成メタンの燃焼を通じて、結果として CO_2 が排出される
出典：日本ガス協会「カーボンニュートラルチャレンジ 2050 アクションプラン」を一部修正
出所：資源エネルギー庁「ガスのカーボンニュートラル化を実現する『メタネーション』技術」（2021-11-26）をもとに作成

原子力は脱炭素化に役立つか

福島第一原発事故の影響

Chap5 では、脱炭素化に向けた技術として、原子力を取り上げなかったので、ここで少し述べておきたいと思います。

原子力発電は、さまざまな課題を抱える一方、安全に運転されるのであれば、CO_2 排出削減に貢献する技術といえます。2011 年 3 月 11 日の東日本大震災による福島第一原子力発電所の事故で、福島県を中心とした東日本の広い範囲が放射性物質で汚染され、現在もなお帰還困難区域が残っています。また、事故を起こした福島第一原子力発電所の廃炉作業はまだ数十年は続くでしょう。

その一方で、より厳しくなった安全審査を経て、10 基以上の原子力発電所が再稼働しています。これらはしばらくの間、CO_2 排出削減に貢献することでしょう。

脱炭素化への貢献は限定的

それでは、さらに原子力発電所を建設し、CO_2 排出を削減することはできないのでしょうか。結論として、それは難しいといえます。東日本大震災以降、原子力発電の安全対策が世界的に厳しいものになり、発電所の建設コストは高騰しています。また、原子力発電所から出る使用済み燃料などに由来する放射性廃棄物の処分地はまだ決まっていません。つまり、原子力発電所を運転するほど、処分できない放射性廃棄物がたまることになります。

これに加え、国民の間に原子力に対する不信感が広がっています。そのため、日本において原子力を拡大することは簡単ではありません。

新型の小型原子力発電は安全性が高いといわれています。海外では早ければ 10 年後に実用化されるかもしれません。それでも、高コストと放射性廃棄物の問題は、簡単に解決できないでしょう。

このように考えると、国際エネルギー機関（IEA）が指摘するように、原子力発電所は安全に運転されることを前提として、中国や米国など一部の国で一定の役割を果たしつつも、脱炭素化への貢献は限られたものになると考えられます。

日本において、原子力発電所を運転するためには、最大限に安全であることが求められ、放射性廃棄物の問題の解決も前提となります。

エネルギー利用の高効率化を実現する技術

脱炭素化には、生み出したエネルギーを利用するしくみも

必要とされます。たとえば、電気自動車（EV）などで

CO_2排出を伴わずに利用されることで、脱炭素化につながります。

さらに、エネルギーをためたり、充電したり、省エネ化したり

するなど、効率的に利用するための技術が開発されています。

電気自動車の普及だけではなく
電気の再エネ化や効率的利用も重要

自動車のゼロエミッション化にあたり、最も期待されているのが電気自動車（EV）です。
走行時には直接的に CO_2 を排出しませんが、再エネ由来の電気を使うことで、間接的な
CO_2 排出も削減できます。

電気自動車とハイブリッド自動車

**ハイブリッド自動車
（HV）**
エンジンとモーターの
両方を利用して走行す
る自動車。エンジンを
効率よく動作させて発
電し、モーターで走行
することで、通常のガ
ソリン車より高い燃費
性能をもつ。充電でき
ないため、ガソリンを
消費することになる。

**プラグインハイブリッ
ド自動車（PHV）**
エンジンとモーターの
両方を利用して走る自
動車。充電できるため、
短距離で走行している
ときには、ガソリンを
ほとんど消費しない。

広い意味での電気自動車には、ハイブリッド自動車（HV）、プラグインハイブリッド自動車（PHV）、バッテリー（蓄電池）電気自動車（BEV）の3つがあります。このうち、充電できないHVについては、海外ではクリーン自動車から除外される傾向にあります。また、PHVは長距離走行時にエンジンを使いますが、**BEVの航続距離が伸びつつあり、BEVが今後の主役**とみられています。

BEVの構造はシンプルで、蓄電池（P.160参照）、モーターおよびこれらを制御するインバーターなどのコントローラーから成ります。**ガソリン車よりはるかに部品点数が少ない**ことが特徴です。

電気自動車の CO_2 排出とDERの活用

**分散型エネルギー源
（DER）**
再エネ発電所などの発
電施設、定置型蓄電池
や充放電できるEV充
電器などの蓄電施設、
制御が可能な空調やポ
ンプなどの節電設備な
どをまとめて、分散型
エネルギー源と呼ぶ。
これらを制御すること
で、電力システムの周
波数や需給バランスを
安定させ、電気を効率
よく利用できる。

電気自動車の利用は本当に CO_2 排出削減になるのかという議論があります。この議論のポイントは2つあり、1つは電気が火力発電由来なら、CO_2 排出は削減されないというものです。しかし、これから**電気の再エネ化が進展し、再エネ発電が活発なときに優先して充電するしくみ**を構築できれば、CO_2 排出を減らすことができます。もう1つは、蓄電池の製造時の CO_2 排出です。これには、**製造時のエネルギーの再エネ化**を進めるとともに、**蓄電池のリサイクル**を進めていくことで解決されていくことでしょう。

社会に分散して存在し、発電や節電、蓄電ができる設備を分散型エネルギー源（DER）と呼びます。電気自動車もその1つに含まれます。たとえば、再エネ由来の電気が余る時間帯に充電し、不足する時間帯に充電を停止すれば、電力システムの安定に寄与します。電気自動車にはこうした役割も期待されています。

◉ EVの基本的なしくみ

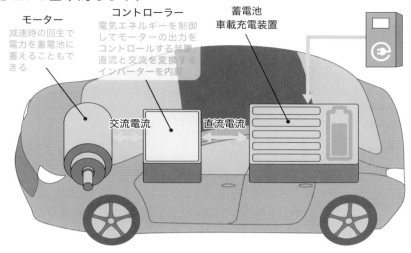

モーター
減速時の回生で
電力を蓄電池に
蓄えることもで
きる

コントローラー
電気エネルギーを制御
してモーターの出力を
コントロールする装置
直流と交流を変換する
インバーターを内蔵

蓄電池
車載充電装置

交流電流　　　　直流電流

出典：環境展望台（国立研究開発法人 国立環境研究所）「環境技術解説 電気自動車（EV）」をもとに作成

◉ EVのライフサイクルアセスメントにおけるCO_2排出量

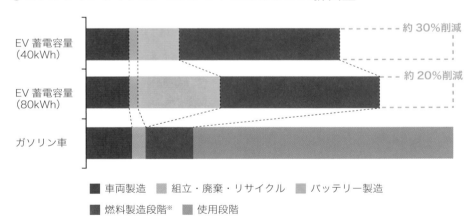

EV 蓄電容量
（40kWh）　　　　　　　　　　　　　　　　　　　　約 30%削減

EV 蓄電容量
（80kWh）　　　　　　　　　　　　　　　　　　　　約 20%削減

ガソリン車

■ 車両製造　■ 組立・廃棄・リサイクル　■ バッテリー製造

■ 燃料製造段階※　■ 使用段階

※電力を再エネ由来のものにすることで、EV ではさらなる削減が可能
出典：国際エネルギー機関（IEA）「Global EV Outlook 2020」
出所：環境省「ZERO CARBON DRIVE」をもとに作成

燃料電池自動車はグリーン水素でゼロエミッション化を実現

電気自動車と並び、ゼロエミッション車のもう1つの代表的な存在が燃料電池自動車（FCV）です。水素を燃料として走行しますが、航続距離が長いため、長距離トラックやバスなどの分野で期待されています。

水素を燃料として電気を発生させる燃料電池

燃料電池
事業所で定置型の燃料電池が発電機として利用されているケースがある。

エネファーム
都市ガスあるいはプロパンガスを燃料とした燃料電池と、排熱を利用した給湯設備を備えたシステム。エネファームという名称で商品化されている。電気と熱の両方をつくるため、コージェネレーションといえる。ガスで発電するだけではなく、排熱も利用するため、エネルギー効率が8割程度と火力発電より高い。

水の電気分解を行うと、水素と酸素が生成されます。燃料電池はその逆で、**水素と空気中の酸素を反応させ、水が生成されるときに電気を発生させる**しくみです。日本では、家庭用燃料電池コージェネレーションシステム（エネファーム）を見かけることがあります。これは都市ガスを燃料とした燃料電池です。排熱も利用するため、エネルギー効率が高いものの、CO_2 が排出されます。

自動車用の燃料電池は水素を燃料としているため、CO_2 を排出しないことから、ゼロエミッション車といえます。

FCVのゼロエミッション化

水素ステーション
水素を充填する拠点。水素をタンクに蓄えておいて充填する方式と、都市ガスを改質（都市ガス中の炭化水素を水蒸気と反応）させて水素をつくって充填する方式がある。2023年1月現在、全国で163か所に設置されている。うち首都圏58か所、中京圏49か所、関西圏19か所、九州圏15か所、その他地域22か所。

燃料電池自動車（FCV）は、水素用の燃料タンク（水素タンク）、燃料電池、モーター、制御を行うコントローラーなどで構成されています。走行時には CO_2 を排出しませんが、現状では**水素の製造に主に天然ガスが使われており、CO_2 排出ゼロになっていません**。今後、グリーン水素（P.148参照）が普及することで、本当の意味でゼロエミッションとなっていくことでしょう。

FCV は電気自動車（EV）のように、重い蓄電池を搭載する必要がないため、十分な燃料をタンクに蓄えることができます。そのため、**航続距離が長いことが特長**です。

乗用車は EV が主流となっていますが、長距離トラックなどでは FCV の開発を並行して行う自動車メーカーも少なくありません。また水素充填設備（水素ステーション）は、充電設備より大きく複雑になることから、FCV は商業車に向いているともいえます。実際に、東京都湾岸部では FCV の路線バスが走っています。

燃料電池とFCVのしくみ

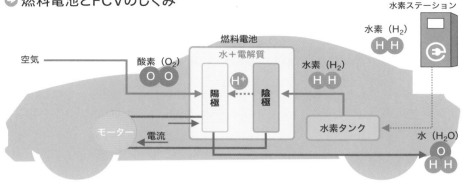

水素ステーションの種類

オンサイト方式

都市ガスやLPガスなどの燃料を使い、ステーション内で水素を製造する

オフサイト方式

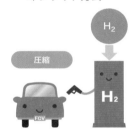

製油所や化学工場などで製造された水素をステーションに運ぶ

移動式水素ステーション

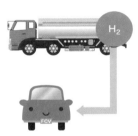

大型のトレーラーに水素供給設備を積むことで移動でき、複数の場所で運営可能

水素ステーションのイメージ

出典：一般社団法人 次世代自動車振興センター「クリーンエネルギー自動車 AtoZ」（2021-11-26）をもとに作成

SECTION 03

水素を燃料とするエンジンや水素を利用した発電設備の開発

水素は燃焼しても CO_2 を排出しないクリーンな燃料です。これを、エンジン（内燃機関）などの既存のシステムで利用するための技術開発も進められています。また、アンモニアでも同様の取り組みが行われています。

水素を動力とする水素エンジン

エンジン自動車
エンジン自動車なら、エンジンによる走りが好きな自動車ファンを満足させることもできる。

レシプロエンジン
一般的な自動車のエンジン。シリンダーのなかで燃料を燃焼させ、ピストンの往復を回転運動に変換するしくみ。

燃料電池自動車（FCV）に対し、**水素を燃料とするエンジン自動車を開発できれば、早い段階での低コスト化が可能**です。そうした考えから、水素エンジン自動車の開発も行われています。

水素エンジン（水素レシプロエンジン）の開発は、1990年代にはすでに行われており、2000年頃にはBMWがコンセプトを紹介していました。しかし、水素供給のインフラ不足から普及はしませんでした。FCVの登場により**水素供給のインフラが増えれば、水素エンジン自動車にも利用できます。**こうした背景から、一部の自動車メーカーで水素エンジンの開発が再開されています。

水素の特性に対応した水素エンジンの開発には、課題は少なくありませんが、EVやFCVに次ぐ第三の選択肢としての期待もあります。また、自動車用だけではなく、**発電用の水素エンジンの開発**も進められています。

水素タービンエンジンの発電への活用

タービンエンジン
圧縮した空気と燃料を燃焼させたときにできる高温高圧の気体によりタービンを回転させるしくみ。ガス火力発電所で使われているほか、ジェット機のエンジン（ジェットエンジン）も同様の構造をしている。

タービンエンジン（ガスタービンエンジン）とは、自動車のエンジンとは異なり、ジェットエンジンの技術を応用したエンジンです。この分野でも水素利用の技術開発が進められています。

水素タービンエンジンは主に、発電所用が想定されています。**グリーン水素（P.148参照）を燃料とする発電所を整備し、再エネによる発電で電気が不足するときに使用する電源**として期待されています。当面は水素と天然ガスの混焼から開始し、将来は水素専焼の発電所を開発することが計画されています。同様に、アンモニアを燃料とするタービンエンジンの開発も行われています。

⊙ 水素サプライチェーンのイメージ

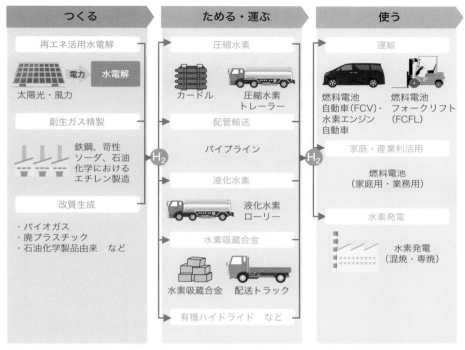

出典：環境省『脱炭素化にむけた水素サプライチェーン・プラットフォーム』をもとに作成

❗One Point

水素を扱うことの難しさ

　元素としての水素は、原子番号1で、最も軽い元素です。単体としては、気体分子（H_2）として存在しています。沸点はマイナス253℃と極めて低く、液化しにくい物質といえます。また、分子が小さいため、漏洩しやすく、気密性の高い容器や導管が必要になります。燃料として使うには、体積あたりの熱量が低いことなど、燃焼の特性が天然ガスやガソリンなどと異なっています。水素の利用は、こうした課題を1つずつ克服しながら進められています。

航続距離の向上に向けて
小型化と大容量化が課題の蓄電池

電気を貯蔵するしくみとして、蓄電池があります。電気自動車（EV）などに利用するために、小型で大容量の蓄電池の開発が進められており、電解質を固体にした蓄電池や、レアメタルをなるべく使わない蓄電池などが研究されています。

蓄電池のしくみと種類

電池には、**放電するだけの一次電池と、充電できる二次電池**があります。このうち充電できるものは蓄電池とも呼ばれます。

蓄電池の内部では、充電時や放電時に化学変化が起こっています。充電時にはプラスの電荷をもつ物質（たとえばリチウムイオン）が負極に集まって電位差をつくり、放電時にはこれが正極に集まり、負極から電子を放出します。このしくみは、自動車のバッテリーに使われている鉛蓄電池などでも同様です。

蓄電池には鉛蓄電池のほか、電気自動車やパソコン、スマートフォンなどに使われるリチウムイオン蓄電池やナトリウム硫黄（NaS）蓄電池、レドックスフロー蓄電池などの種類があります。

エネルギー密度を大きくする蓄電池の開発

現在の蓄電池の主役はリチウムイオン蓄電池です。その理由は、ほかの蓄電池と比較して充電できるエネルギー密度が大きいこと、すなわち**小型化してもたくさん充電できる**ことです。

とはいえ、長距離トラックなどに搭載するためには、蓄電池のエネルギー密度をさらに大きくする必要があります。そこで注目されているのが、**イオンが移動する電解質に固体を使用した全固体リチウムイオン蓄電池**です。電解質を固体にすることで液漏れがなくなるため、外装を簡素化でき、エネルギー密度を大きくすることができます。ただし、性能が安定しないため、大容量の蓄電池を製造するにはまだ時間がかかりそうです。

リチウムなどのレアメタルをなるべく使わない蓄電池の開発も進められています。代表的なものがナトリウムイオン蓄電池です。

鉛蓄電池
電極に鉛、電解液に希硫酸（薄めた硫酸）を使用した蓄電池。

ナトリウム硫黄（NaS）蓄電池
負極にナトリウム、正極に硫黄を使用し、βアルミナを固体電解質とした蓄電池。鉛蓄電池の３倍のエネルギー密度がある。作動温度が300℃程度と高いため、小型の電池には不向きで、大型の蓄電設備として導入されている。

レドックスフロー蓄電池
バナジウムなどのイオンを含む電解質をポンプの力で循環させて充放電を行う蓄電池。小型化には適さないが、充放電による劣化が少ない。

リチウムイオン蓄電池の充電と放電のしくみ

●エネルギーをためるとき（充電時）　　　　●エネルギーを使うとき（放電時）

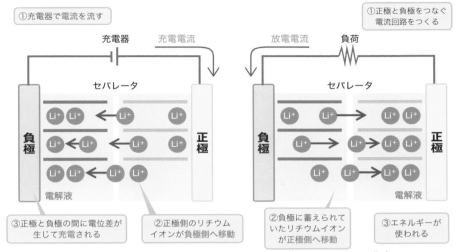

出典：東芝「電池の学校 1時限目 リチウムイオン電池ってどんな仕組み？」をもとに作成

蓄電池の世界市場の見込み

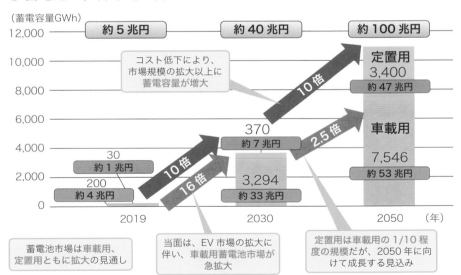

出典：国際再生可能エネルギー機関（IRENA）「Global Renewables Outlook 2020（Planned Energy Scenario）」
出所：経済産業省「蓄電池産業戦略 中間とりまとめ」（2022年4月22日）をもとに作成

エネルギーを蓄えて有効活用する技術が研究されている

蓄電池以外にも、電気をはじめとするエネルギー貯蔵システムがあります。揚水式水力発電のように、実用化されている技術から実証中の技術までさまざまなものがあり、熱としてエネルギーを蓄えるしくみなどは実用化が進んでいます。

圧縮空気エネルギー貯蔵
圧縮空気エネルギー貯蔵のプロジェクトとしては、米カリフォルニア州で出力90万kW、蓄電容量720万kWhのプロジェクトが進んでいる。蓄電池より長時間の放電に対応できるとされている。

重力蓄電
余った電気で重いおもりを持ち上げ、おもりが落ちる力で発電するしくみの蓄電設備。

地質力学的揚水発電
余った電気を使い、水を高圧で地下の岩盤層に押し込み、電気が必要な際、この水が圧力で噴出する力で発電するしくみの蓄電設備。

周波数変動
電線を流れる交流の電気は、周波数が決まっている（東日本50Hz、西日本60Hz）。しかし、短時間で電気が余ると周波数が高くなり、不足すると低くなる。安定化のためには蓄電・放電のしくみが必要。

電気二重層キャパシタ
電気を一時的に蓄えたり放出したりするコンデンサのしくみを利用した蓄電器。

電気を蓄えるさまざまなしくみ

電気は一般に蓄えることができないといわれていますが、実際には蓄電池や揚水式水力発電などで蓄えることができます。とはいえ、コストやエネルギー損失などの課題があります。

電気を蓄えるしくみは、これ以外にもさまざまな方法が研究されています。その1つが圧縮空気エネルギー貯蔵です。これは、揚水式水力発電と同様、**余った電気で空気を圧縮して蓄え、圧縮した空気を放出するときに発電する**というしくみです。また海外では、重力蓄電や地質力学的揚水発電なども研究されています。

一時的な周波数変動に対しては、フライホイール・バッテリーというしくみが研究されています。これは、一時的に**増加した電気をはずみ車の回転エネルギーとして蓄え、電気が不足したときに電気エネルギーに変換**するしくみです。反応が早いことから、周波数変動を抑えるしくみとしてカナダで導入されています。同様のしくみとして、電気二重層キャパシタも研究されています。

熱としてエネルギーを蓄えるしくみ

電気ではなく熱としてエネルギーを蓄えるしくみは、実用化が進んでいます。代表的なものが、大手電力会社と空調機メーカーが1990年代に開発した氷蓄熱式空調システムです。当時は**安価な深夜電力で氷をつくり、その冷熱を日中の冷房に使用する**しくみでした。現在は日中のほうが電気が余っているため、再エネの有効利用として考えるべき時期に来ています。エコキュート（P.108参照）も深夜電力でお湯をつくるしくみでした。しかし現在は、太陽光発電が稼働する日中にお湯をつくるようになっています。

❯ 電気を蓄えるしくみの種類

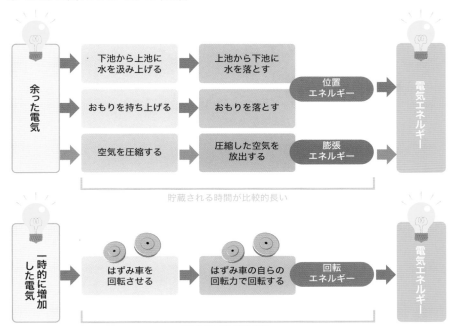

❗One Point

エネルギーの長期保存はこれからの課題

　電気を含め、エネルギーを蓄えるしくみにはさまざまなものがありますが、今後課題となるのが長期保存です。揚水発電も蓄電池も、数時間から数日単位での保存には適しています。しかし、大量のエネルギーを長期間保存することは簡単ではありません。たとえば、日照時間の少ない冬に風があまり吹かないと、太陽光も風力も頼りになりません。また、数日間使用するエネルギーを蓄えるだけでも大容量になります。実際に、欧州では2020年の秋から冬にかけて、北海で風が吹かない日々が続いたことで、天然ガスの価格が高騰しました。これらの課題解決も、脱炭素化に向けて必要とされます。

充電の利便性をカバーするための充電システムとアプリ

電気自動車（EV）を走行させるためには充電が必要です。ガソリン自動車の給油と異なり、充電には時間がかかります。その一方で、EVには電力供給や、電気需給に応じた充電など、エネルギーシステムの一部を担うことも期待されています。

普通充電器と急速充電器でEVを充電

普通充電器
普通充電器の充電時間は、たとえば航続距離80km相当の充電では100Vで約8時間、200Vで約4時間がかかる。

急速充電器
高い電圧により短時間で充電するもの。一般的に高圧ないし特別高圧の受電契約をしている需要地に設置される。短時間に大容量の電気を充電することから、送電網の負担を減らすため、蓄電池を備えた急速充電器も開発されている。

EVの充電器には大きく分けて、普通充電器と急速充電器があります。普通充電器は100Vないし200Vの電圧で充電するしくみです。**一般家庭などに設置する充電器は普通充電器**です。普通充電器にはコンセントタイプのものと、充電を制御できるものがあります。充電の制御とは、住宅内などのほかの電気需要や時間帯などに応じて充電をコントロールするものです。たとえば、太陽光発電が稼働しているときに充電すれば、それだけCO_2排出が少なくなります。一方、急速充電器は、高速道路のサービスエリアなど、**短時間での充電が必要な場所に設置**されています。高圧で充電するため、航続距離40km相当の充電は約5分です。

充電スポットの効率的利用のためのアプリ

EVの充電には時間がかかり、急速充電器でも30分程度が必要です。また、送配電網を流れる電気の量が限られることから、たくさんのEVを同時に充電することは難しくなっています。そのため、**EVの充電のため、使用可能な充電スポットを検索し、予約できるアプリ**が使われています。また、マンション共用の充電器も、予約して使えるアプリが使われています。そのほか、再エネ由来の電気で充電したいドライバー向けに、充電スポットを案内してくれるアプリなどもあります。

日本では法制度上、小売電気事業者以外が電気を売ることはできず、充電スポットでは時間で課金されています。しかし、アプリを通じて自分が契約する電力会社の電気を買うといった形で、電気に対する課金も可能になるかもしれません。

日本における充電器設置基数の推移と世界の充電器数

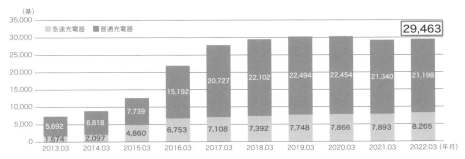

（株）ゼンリン調べ

各国におけるEV・PHVの累計販売台数と公共用充電器数（2021年実績）

	日本	中国	米国	ドイツ	英国	フランス	オランダ	スウェーデン	ノルウェー
EV・PHV の 累計販売台数（万台）	33.4	784.3	206.4	131.5	74.6	72.5	38.5	30.0	63.7
公共充電器数（万基）	2.9	114.7	11.4	5.1	3.7	5.4	8.5	1.4	1.9
EV・PHV 1 台あたり の公共用充電器基数	0.09	0.15	0.06	0.04	0.05	0.07	0.22	0.05	0.03

出典：国際エネルギー機関（IEA）「Global EV Outlook 2022」
出所：経済産業省「充電インフラの普及に向けた取組について」（2022 年 11 月 11 日）をもとに作成

充電アプリの例（マンションの充電器を居住者でシェア）

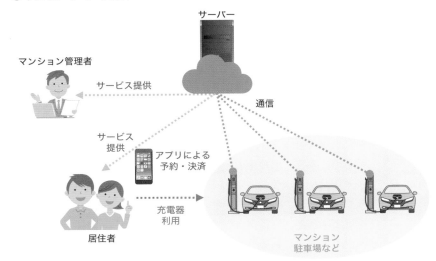

非接触式の充電技術により
走行中や停止信号での充電も可能

EV向けの充電技術としてユニークなものに非接触充電があります。自動車を停めておくだけで充電できるだけではなく、充電しながら走行することも可能です。また、非接触式で電気を送る技術としては、電磁波送電なども研究されています。

ケーブルにつながずに充電できる非接触充電

スマートフォンには、**ケーブルをつながずに、特定の装置の上に置いたり近づけたりするだけで充電できるしくみ**があります。これが非接触充電（ワイヤレス充電）です。最近ではカフェなどでもスマートフォン向けの非接触充電ができるスポットが増えています。多くは電磁誘導方式で、家電などへの応用も考えられています。配線が減り、室内がすっきりするという利点もあります。

EVの充電でも、非接触充電の技術が研究されています。EVの場合は、磁界共鳴方式という技術が使われています。よく似た技術ですが、充電器と受電器が離れている場合に適した方式です。

走行中充電と電磁波送電の研究

非接触充電であれば、**充電器を道路に埋設することで、走行中の充電が可能**になります。走行中に充電できれば、大容量の蓄電池を搭載する必要がありません。たとえば、路線バスに応用し、バスレーンに充電器を埋設すれば、充電しながら走行するEVバスが実現できます。また、一般の乗用車などでも、**交差点に充電器を埋設すれば、停止信号の間に充電**できます。

非接触式で電気を送る技術には、このほかにも電磁波送電があります。電波や光などを総称して電磁波と呼びますが、**電磁波送電はエネルギーを電磁波に変えて送電し、受信側で再び電気にするしくみ**です。数万kmという距離でも送電できるため、遠い将来、宇宙太陽光発電に応用できるとして研究が進められています。また身近なところでは、電源につながっていないIoT機器やドローンへの送電としての利用も研究されています。

電磁誘導方式
コイルのようなループ状の電線に電気を流すと、磁束（磁界の強さと方向を示す束）ができる。一方、近くにあるコイルのようなループ状の電線に磁束を通すと、磁界の変化に応じて電気が流れる。そこで、コイルを2つ組み合わせて1cmほど近づけておくと、コイルどうしを接触させなくても電気が流れる。このしくみを利用したものが、電磁誘導方式による非接触充電である。

磁界共鳴方式
コイルが数十cm離れていても、それぞれのコイルの周波数が同じであれば、磁界が強く結びつけられ、電気を送ることができる。このしくみを応用したものが磁界共鳴方式である。

EVバス
かつて日本の都市圏には、架線から給電を受けて走るトロリーバスがあったが、充電技術により復活することになるかもしれない。

● EVの非接触充電のしくみ

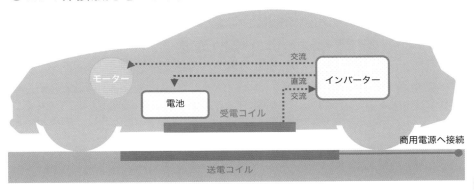

● 走行中充電のイメージ

充電設備　　　EVバス

出典：公益社団法人 応用物理学会「特別 WEB コラム 電気自動車への走行中ワイヤレス給電」を参考に作成

EVの蓄電池に蓄えた電気を家庭や社会で利用する

電気自動車（EV）は、電気を使って走行するだけではなく、EV の蓄電池から外部に放電し、電気を供給することもできます。EV から住宅や送配電網など、多様な用途で電気を相互に供給するしくみを V2X と呼んでいます。

EVの蓄電池を多様な用途で利用するV2X

V2X
EV などの蓄電池を搭載した自動車と、外部の機器との間で電力の相互供給を行うしくみの総称。その一部として V2H や V2B、V2F、V2L などがある。

電気自動車（EV）に搭載された蓄電池は、蓄えた電気を走行中は主にモーターに供給していますが、**外部へ供給することも可能**です。これにより、V2X（Vehicle to X）のしくみを活用すれば、EV の蓄電池を定置型蓄電池のように使うこともできます。

代表的なものが、**住宅などへ電気を供給する V2H（Vehicle to Home）**です。これは、V2H 専用の EV 充電器を通じて行われ、日本でも実用化されています。料金の安い時間帯や自宅の太陽光発電により電気を充電し、夜間に使うこともできます。そのほか、同じしくみで**ビルに電気を供給する V2B（Vehicle to Building）、工場に電気を供給する V2F（Vehicle to Factory）**などがあります。

また、電化製品に電気を直接供給するしくみは V2L（Vehicle to Load）と呼ばれます。専用の外部給電器を使い、災害時やアウトドアなどに電気を利用できます。

V2Gにより送配電網で電気を供給

系統用蓄電池
太陽光発電が増加すると、日中に電気を蓄え、夕方以降に放電するしくみが必要となる。日本ではこれまで、揚水発電がその役割を果たしてきたが、今後さらに太陽光発電が増加すると、送電網に直接つながった蓄電池を増やす必要が出てくる。そのための蓄電池が系統用蓄電池である。

EV の蓄電池から送配電網に電気を供給するしくみを V2G（Vehicle to Grid）といいます。日本ではまだ実用化されていませんが、世界各地で実証試験が行われています。将来、EV が普及すれば、V2G により平日に使われない**自家用 EV の蓄電池を揚水式水力発電**や**系統用蓄電池**のように使い、**再エネ由来の電気を安定化させる**ことができるでしょう。EV 所有者も、安い時間帯の電気や自宅の太陽光発電の電気を充電し、電気料金の高い時間帯に販売すれば、利益を得ることも可能です。

◆ V2Hの主な役割

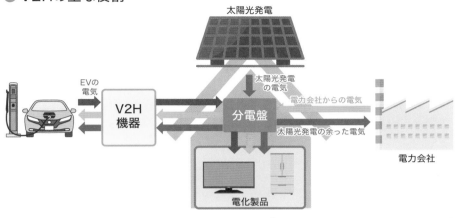

出典：東京電力エナジーパートナー「EV を家庭用電源にする『V2H』とは？ 仕組みやメリットをイラストで解説！」（2021-03-22）を参考に作成

◆ V2Gシステムの構造

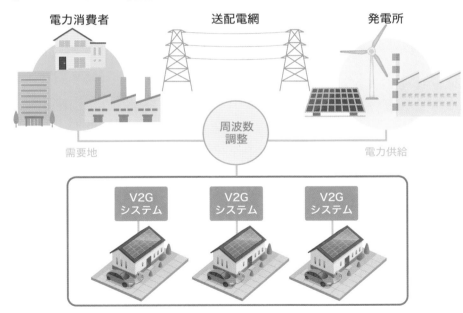

出典：CHAdeMO 協議会「V2G/VGI」（2021 年 5 月 28 日）をもとに作成

建物のゼロエネルギー化のための効率化とデータ活用

日本では CO_2 排出量の4分の1から3分の1が、建物使用時の排出といわれています。そのため、建物からの CO_2 排出をゼロに近づけることが課題となっており、ゼロエネルギー住宅（ZEH）やゼロエネルギービル（ZEB）といった取り組みが進められています。

ZEHやZEBの実現に向けた取り組み

建設業では、工事や資材の脱炭素化以上に、**建物使用時の脱炭素化が重要であり、ZEH や ZEB の取り組みが進められています**。ZEH については、断熱性能の向上に加え、住宅用太陽光発電の活用や蓄電池の設置などで改善が可能です。一方、ZEB の場合、消費エネルギーが住宅より多く、太陽光発電設備の設置場所も限られていることから、完全な「ゼロエネルギー」は簡単ではありません。そこで、ZEB に近づけるための段階が定義されています。

ZEB は今後、地中熱などの未利用熱の利用を含めたエネルギーの効率化を進めるとともに、PPA（P.112 参照）などを利用した再エネ供給を通じてカーボンニュートラルにしていくことでしょう。

建物のデータ化により無駄や効率性を把握

建物の設計図面は、コンピューター（CAD）化され、さらに3次元化されて 3D-CAD となり、配管や柱などの立体的な構造が可視化されました。さらに、完成した図面をデータベース化し、その後の管理や運用にも活用できるようになりました。**建設時だけではなく、改修や改築などのデータも加え、利用できるようにしたシステムが BIM（Building Information Modeling）**です。

この 3D のデータに、温度や人流、照度、設備の稼働状況などのデータを組み合わせ、リアルタイムで現実と整合させ、コンピューター上で制御できるようにしたものがデジタルツインです。

この技術により、エネルギーの無駄や再エネ由来の電気の効率性の把握、エネルギー需給の監視や制御などを行うことで、脱炭素化を大きく推進できるとして期待されています。

未利用熱の利用
空調や給湯などのために、これまで使われていなかった河川や地中の熱などを利用すること。たとえば、地中の熱は気温に対し、夏は低く、冬は高いため、空調のヒートポンプの熱源を地中にすることで、効率化される。

CAD
Computer Aided Design の略で、コンピューターによる設計のこと。効率的な作業が可能で、単純ミスなどが防がれる。

デジタルツイン
現実とコンピューター上のデータが一致していることが強み。建物単体だけではなく、スマートシティや送配電網に応用することも可能。さらに地球全体をデジタルツイン化する構想もある。これにより、地球上のどこで気温上昇をしているのか、氷床の融解が起こっているのか、山火事が発生しやすいいのかといったことをスーパーコンピューターで計算し、実際の地球の状況に当てはめていくことができる。

⮕ ZEHの特徴

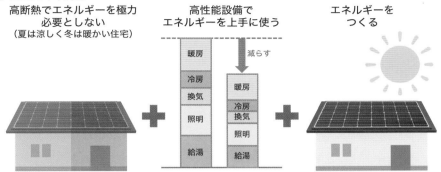

| 高断熱でエネルギーを極力 必要としない （夏は涼しく冬は暖かい住宅） | 高性能設備で エネルギーを上手に使う | エネルギーを つくる |

出典：資源エネルギー庁「ZEH（ネット・ゼロ・エネルギー・ハウス）」（2019.03.25）をもとに作成

⮕ ZEBの定義（ZEB ← ニアリーZEB ← ZEBレディ ← ZEBオリエンテッドの4段階）

● ZEB
省エネ＋創エネで0%以下まで削減

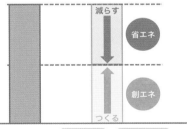

●ニアリーZEB
省エネ＋創エネで25%以下まで削減

● ZEBレディ
省エネで50%以下まで削減

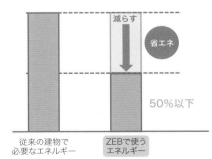

● ZEBオリエンテッド
延べ面積が10,000m²以上の建物
省エネで用途ごとに既定する削減量を達成
＋未評価技術の導入によるさらなる省エネ

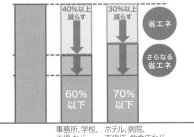

出典：環境省「ZEB PORTAL 5. ゼロエネルギー化って本当にできるの？」をもとに作成

ヒートポンプ

熱エネルギーが効率よく得られて
省エネにつながるヒートポンプ

ヒートポンプとはその名のとおり、熱を汲み上げるポンプのことで、エアコンや冷蔵庫にも
使われているしくみです。電気やガスで直接熱を使うより効率的であり、性能の向上により
大幅な省エネが可能です。

ヒートポンプのしくみ

ヒートポンプが熱を汲み上げるしくみは、どんなものなのでしょうか。一般的に**多くの物質は、圧縮すると温度が上昇**します。とりわけ気体を圧縮すると、温度の高い液体になります。このときの熱で、空気や水を温めることができます。その後、高圧・常温となった物質の圧力を下げて気体に戻すと、今度は温度が下がります。このときの冷熱で冷やすことが可能です。

こうしたしくみで、エアコンや冷蔵庫、エコキュート（P.108参照）では**低い温度から高い温度へ熱を汲み上げています**。

日本はヒートポンプの先進国

電気のエネルギーで圧縮機を動かせば、そのエネルギーの数倍の熱を汲み上げることができるため、ヒートポンプによる暖房や給湯は、電気ストーブやガスストーブ、あるいはガスボイラーや電気温水器より、はるかに熱効率がよくなります。

これまで欧米では、ガスボイラーや電気温水器によるセントラルヒーティングを、暖房や給湯に使っていました。これらは、**ガスや電気のエネルギーを熱に直接変えているので、使ったエネルギー以上の熱は得られません**。日本では、エアコンをはじめとするヒートポンプによる空調が普及しているうえ、エコキュートというヒートポンプによる給湯器も利用されています。一方、欧米は脱炭素化に向け、電化とそれに伴うヒートポンプ式の空調・給湯設備の普及にこれから取り組む段階です。**この分野の技術は、日本が世界に貢献できるもの**といえます（4-04 参照）。

熱効率
ここでは1のエネルギーに対し、どれくらいの熱を得られるかという割合。一般的なガス給湯器では0.8で、0.2の熱は外部に逃げる。潜熱回収型ガス給湯器（エコジョーズ）では0.95で、熱効率が改善されている。一方、電気を利用した場合、火力発電の効率を0.4（燃料のエネルギーの40%が電気になる）とすると、電気温水器そのものの熱効率が1としても、発電所の効率を掛けて0.4となる。図にあるエアコンは機器そのものの効率が7なので、発電所の効率を掛けると2.8となることから、ヒートポンプの効率が高いことがわかる。

セントラルヒーティング
暖房や給湯などの熱源となる設備を1か所に設置して運用するしくみ。大規模な建物では全館集中暖房ともいう。欧米では住宅でもこの方式が使われることが多い。

● ヒートポンプのしくみ

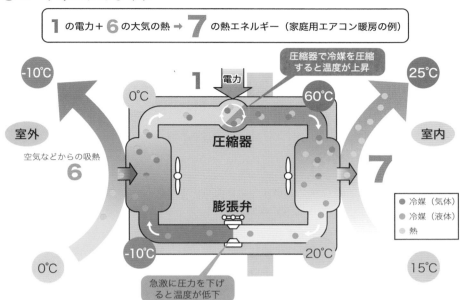

1 の電力 + 6 の大気の熱 → 7 の熱エネルギー（家庭用エアコン暖房の例）

圧縮器で冷媒を圧縮
すると温度が上昇

電力

圧縮器

膨張弁

急激に圧力を下げ
ると温度が低下

-10℃　25℃

60℃

0℃

室外　室内

空気などからの吸熱

-10℃　20℃

0℃　15℃

● 冷媒（気体）
● 冷媒（液体）
○ 熱

出典：一般財団法人 ヒートポンプ・蓄熱センター「ヒートポンプとは」をもとに作成

● エコキュートの累計出荷台数の推移

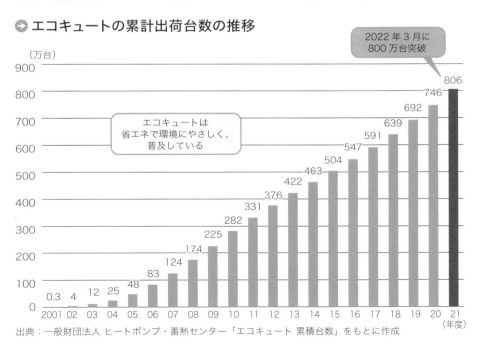

2022年3月に
800万台突破

（万台）

エコキュートは
省エネで環境にやさしく、
普及している

806
746
692
639
591
547
504
463
422
376
331
282
225
174
124
83
48
25
12
4
0.3

2001 02 03 04 05 06 07 08 09 10 11 12 13 14 15 16 17 18 19 20 21
（年度）

出典：一般財団法人 ヒートポンプ・蓄熱センター「エコキュート 累積台数」をもとに作成

電動化の難しい航空機は
燃料の脱炭素化から着手

航空機は電動化しにくいため、具体的な脱炭素化が難しい分野です。そのため、燃料そのものをカーボンニュートラルにする取り組みが進められています。その1つがSAF（持続可能な航空燃料）です。

バイオマスなどを原料につくられるSAF

廃食油
天ぷらやフライなどを揚げたあとの使用済みの食油。

採油用作物
油をとるために栽培される作物。バイオマス燃料用には主に非食用作物が利用される。

木質バイオマス
微生物が分解したうえで発酵させ、エタノールを生成する。これをジェット燃料に改質することなどが研究されている。

ミドリムシなどの藻類
藻類（植物性プランクトン）は、十分な光を与えれば培養槽などで育てることができ、燃料用作物として植物より効率がいい。日本ではミドリムシ（ユーグレナ）などの培養が行われ、食品や燃料として供給されている。

航空機の脱炭素化にあたり、**SAF（持続可能な航空燃料）の普及**は数少ない手段の1つといえます。SAFの原料としては、主に多様なバイオマスが用いられています。廃食油をはじめ、採油用作物、木質バイオマス、ミドリムシなどの藻類、廃棄物などです。将来的には大気中のCO_2を利用した合成燃料や水素などの利用も視野に入れられています。

日本では、国際線についてはCORSIA（国際民間航空のためのカーボン・オフセットおよび削減スキーム→P.90参照）の規制に従い、カーボンクレジットの利用を含め、CO_2排出削減を進めていく方針です。一方、国内線については、**2030年時点で燃料の10%をSAFに置き換える**ことが目標となっています。

グリーン水素とCO_2を使った合成燃料

SAFをバイオマスだけで賄うには、供給が十分ではないと考えられます。そのため、合成燃料が必要になってきます。

合成燃料は、技術的にはメタネーション（P.150参照）と同様に、**グリーン水素とCO_2が原料**になります。ただし、大気中のCO_2を回収して利用することが必要です。また、それ以前の段階として、火力発電所などで回収したCO_2を利用した合成燃料も利用されることになるでしょう。

さらに将来的には、**グリーン水素を燃料とした航空機**も視野に入れられています。その際、水素用ジェットエンジンの開発などが課題となります。そのほか、近距離で少人数用の航空機であれば、**電気航空機の実用化**も検討が進められています。

⮞ SAFの導入の目標

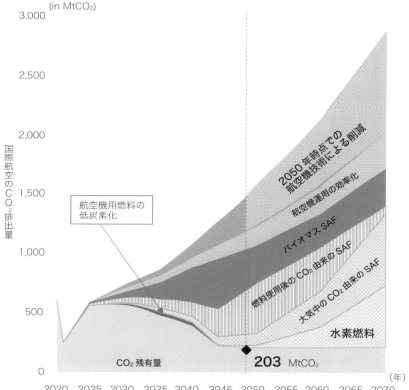

(in MtCO₂)

縦軸: 国際航空のCO₂排出量 (0〜3,000)

グラフ内ラベル:
- 2050年時点での航空機技術による削減
- 航空機運用の効率化
- バイオマスSAF
- 燃料使用後のCO₂由来のSAF
- 大気中のCO₂由来のSAF
- 水素燃料
- 航空機用燃料の低炭素化
- CO₂残有量
- **203** MtCO₂

横軸: 2020 2025 2030 2035 2040 2045 2050 2055 2060 2065 2070 (年)

出典：国際民間航空機関（ICAO）「Sustainable Aviation Fuel (SAF)」をもとに作成

⮞ SAF需要の見通し

	2020 年	2030 年	2050 年
世界で必要となる SAF 必要供給量	6.3 万 kL	7,200 万 kL	5.5 億万 kL
全ジェット燃料 供給量比	0.03%	13%	90%

※ ATAG Waypoint 2050 による F3（SAF 導入を重視）
　シナリオによる SAF 必要供給量
※ 2030 年の SAF 必要供給量は上図グラフからの読
　取推計

ATAG（The Air Transport Action Group）
民間航空セクターが長期的な持続可能性の問題を解決するためのプラットフォーム。航空会社や空港、航空機メーカーなどが参加している

出典：国土交通省「第 1 回 SAF の導入促進に向けた
　　　官民協議会 説明資料」（2022 年 4 月 22 日）をもとに作成

Chap
6
エネルギー利用の高効率化を実現する技術

航空機の利用は恥か

航空機利用を減らす動き

近年、「飛び恥」（P.90 参照）という言葉が使われるようになりました。英語では "Flight Shame" といいます。これは「航空機を使うのは恥ずかしい」という意味です。そのため、多くの企業が航空機での出張を減らし、移動には可能な限り鉄道などを使うようになっています。また、国内線の航空便を減らす動きも見られます。

航空機のCO_2排出量の多さ

航空機を使うのが恥とされる理由は、航空機の CO_2 排出量が鉄道や船舶と比較して多いからです。また、航空機の脱炭素化がしにくいことも挙げられます。SAF（P.174 参照）の利用拡大が期待されていますが、まだまだ供給量が少なく、価格も高いというのが現状です。

それでは将来、SAF の供給量が増え、価格が安くなるのでしょうか。必ずしもそうなるとは限りません。たとえば、SAF の主要原料の1つに廃食油がありますが、私たちが世界中の航空機を飛ばせるほど「揚げ物」を食べているかというと疑問です。グリーン水素由来の SAF も低価格になるには時間がかかるでしょう。

航空機を使わない社会へ

そうすると、航空機の利用は難しくなるのでしょうか。おそらく、航空機の運賃はかなり高くなることが想定され、移動が不便な社会になりそうです。

また、必要以上に航空機を使わない社会になることも考えられます。海外旅行は可能な範囲で鉄道や船舶を利用することになります。航空機に比べて時間がかかりますが、ビジネスなど短時間での移動が必要な場合を除き、ゆっくりと時間をかけて移動することになるでしょう。そういった時間にゆとりのある社会になれば、航空機の利用が減少しても支障はないかもしれません。

あるいは、ワインのボジョレー・ヌーヴォーは、日本では主に航空便で送られてきますが、1か月もすれば安い船便で送られてきます。解禁直後の11月ではなく、クリスマスの時期に味わいの落ち着いたボジョレー・ヌーヴォーを楽しむほうが価値が高いとされる社会になるかもしれません。

CO₂を直接的に 削減する技術

CO₂の排出を削減するだけではなく、地球上のCO₂自体を

削減・吸収できれば、気候変動対策に貢献できます。

現在では、CO₂を回収して地中に埋めたり、製品の原料として

利用したりする技術が開発されています。また、森林や海洋などの

植物を増やし、CO₂吸収量を増やす取り組みも行われています。

コストや適地などの課題を抱える CO₂の地中への貯留

大気中の CO₂ を増やさないためには、CO₂ を大気中に放出しなければよいわけです。そのために、CO₂ を地中に埋めるというのが CCS の技術です。課題は少なくありませんが、油田などではすでに、原油がたまっている層への CO₂ の注入が行われています。

CO₂を地中に埋めるCCS

CCS
Carbon dioxide Capture and Storage の 略 で、CO₂ 回収・貯留技術のこと。

天然ガスなどの気体がたまっていた堆積岩の層
在来型の天然ガスや原油は、気体を通さない岩盤の下にたまっているため、CO₂ だけをそこに戻すことができる。油田の場合、CO₂ の圧力が加わることで、油田の生産効率が上がる。

CO₂ を吸収する岩石
玄武岩などの一部の火成岩（マグマがかたまってできた岩石）に含まれるカルシウムは、CO₂ と反応して別の物質となる。玄武岩のような性質の岩石は地球上に広く存在すると考えられている。

CO₂ の回収
このほか、CO₂ を高圧低温で水溶液に溶かして分離する方法なども研究されているが、同じ課題を抱える。

CCS（CO₂ 回収・貯留）は、CO₂ を排出する火力発電所などの設備から **CO₂ を回収し、地中深くに埋める**技術です。特殊な化学物質で吸収したり、ほかの気体と分離する膜を使ったりすることで、CO₂ だけを回収します。地中にはもともと、天然ガスなどの気体がたまっていた堆積岩の層や、CO₂ を吸収する岩石などがあり、そこに CO₂ を貯留できます。実際に油田では、**原油の生産を増やすために、原油がたまっている層への CO₂ の注入**が行われています。また、CO₂ 成分の多い天然ガス田では、CO₂ と天然ガスを膜で分離し、CO₂ はガス田に戻されています。

CCS実現に向けた課題

CCS の課題は、**経済的コストとエネルギー的コスト**です。CO₂ の回収には、アルカリ性のアミン水溶液を用いる方法があります。アミン水溶液は CO₂ を吸収する性質があり、加熱すると CO₂ が放出されますが、**加熱のエネルギーが必要**になります。また、アミン水溶液は CO₂ を放出したあとに再利用されますが、それでも**価格が高い**ことがハードルになります。一方、膜による分離には、回収した CO₂ の濃度が低いという難点があります。

貯留にも解決すべき点はあります。油田の跡地や CO₂ を閉じ込める岩盤層などは、どこにでもあるものではなく、たとえば**日本国内ではあまり適地がない**とされています。

課題が多い CCS ですが、たとえばガス田で水素を生産し、CO₂ をガス田に埋め戻すブルー水素の生産については、比較的実現しやすいと考えられています。

● CCSのしくみ

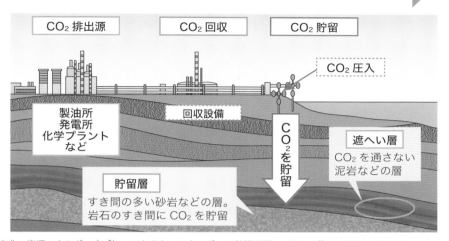

出典：資源エネルギー庁「知っておきたいエネルギーの基礎用語 〜 CO_2 を集めて埋めて役立てる「CCUS」」(2017-11-14) をもとに作成

● 化学物質を使ったCO_2の分離方法の例

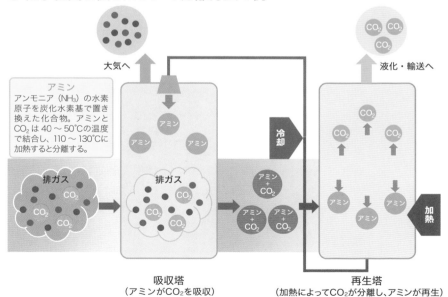

出典：環境省「CCUS を活用したカーボンニュートラル社会の実現に向けた取り組み」(2020 年 2 月) をもとに作成

CO₂からメタンを生成し 製品の原料や燃料として利用

CO₂ を大気中に放出せずに再利用すれば、カーボンニュートラルを実現できます。このように、CO₂ を回収して利用する技術が CCU です。利用においては、ライフサイクルを考慮する必要があります。CCU と CCS を合わせ、一般的に CCUS と呼ばれています。

CCU
Carbon dioxide Capture and Utilization の略で、CO₂ 回収・利用技術のこと。

メタン
水素と CO₂ を合成してメタンを製造することをメタネーションと呼び、カーボンニュートラルなガスとして期待されている（P.150 参照）。

プラスチック
石油を主な原料とした高分子化合物で、加工しやすいことが特徴。しかし、微生物などにより分解されないため、海洋などの自然環境に排出されると、マイクロプラスチックなどとして残ってしまい、生物に有害な影響を与える。そのため、プラスチックの利用規制やリサイクルが求められている。

合成繊維
ポリエステルやナイロンなど、石油を主な原料とした繊維。これらもプラスチックと同様、リサイクルが求められている。また、ペットボトルなどを再利用した合成繊維も製造されている。

CO₂を原料として利用

CCU（CO₂ 回収・利用）は、CO₂ を回収し、製品の製造などに利用する技術です。CO₂ とグリーン水素から合成したメタンなどの炭化水素は、化学工業製品などの原料として利用できます。そのため、プラスチックや合成繊維などの原料を石油から CO₂ に置き換えると、CO₂ を再利用することができます。

ただし、プラスチックなどを焼却すると CO₂ が大気中に排出されるため、**プラスチックの再利用、ないしは CO₂ の再度の回収利用が必要**です。これらの原料は、脱化石燃料が進むと、カーボンニュートラルな素材として、バイオマス（P.146 参照）とともに活用される可能性があります。

メタン以外の CO₂ 利用としては、メタノールやエタノールなどのアルコール類、セメントの製造やコンクリートの硬化に利用されるほか、CO₂ を直接利用する方法もあります。アルコール類では、消毒、洗剤、塗料などの原料や、燃料として利用されます。直接利用では、溶接用のガスや炭酸水、ドライアイスなどがあります。ただし、利用した CO₂ がそのまま大気中に放出されると、CO₂ 排出削減にはなっても CO₂ 排出ゼロにはならないので、注意が必要です。

植物や藻類によるCCU

CO₂ は、光合成を行う植物などの生物によって吸収され、水と化合し、糖類などの有機物になります。一般的に CO₂ の濃度が高いと、光合成が盛んになるため、農業への CO₂ 供給などに応用できるかもしれません。

➡ CO₂の回収と利用のサイクル

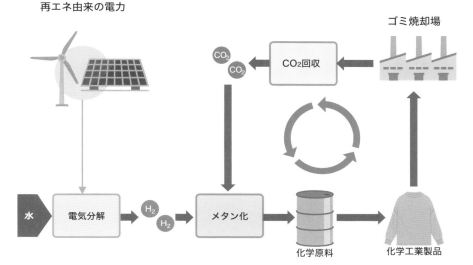

出典：環境省「CCUS を活用したカーボンニュートラル社会の実現に向けた取り組み」（2020 年 2 月）を
　　　もとに作成

❶ One Point

CCUはCO₂のサイクルが重要

　CCU で問題となるのは「本当にカーボンニュートラルなのかどうか」です。たとえば、化石燃料由来の CO₂ で燃料やプラスチックをつくっても、燃やしてしまえば CO₂ が排出されることになります。CCU ではこの点に留意する必要があります。また、プラスチックや合成繊維は、そもそもリサイクルが優先されており、CO₂ の利用は限られた範囲になる可能性もあります。

BECCS/BECCU

バイオマス燃料を使うことでエネルギー利用とCO_2削減を両立

バイオマス燃料は、カーボンニュートラルな燃料です。バイオマス燃料由来のCO_2を回収し、地中に貯留すれば、大気中のCO_2の減少につながります。また、バイオマス発電により排出されたCO_2から燃料をつくれば、カーボンニュートラルな燃料を製造できます。

エネルギーを使いながらCO_2を削減

生物由来の燃料であるバイオマス燃料（P.146 参照）は、燃やせばCO_2が排出されますが、このCO_2はもともと植物などが大気中から吸収したものです。そのため、バイオマス燃料はカーボンニュートラルな燃料といえます。バイオマス燃料を使った発電所でCCS、すなわちCO_2を回収して地中に貯留すれば、大気中のCO_2が除去されたことになります。したがって、こうしたしくみをもつ BECCS （CO_2回収・貯留付きバイオマス発電）は、エネルギー利用とCO_2削減を両立させる技術といえます。

BECCS には、CCS と同様、経済的コストとエネルギー的コストの課題（P.178 参照）のほか、バイオマスであることによる課題もあります。具体的には、木質バイオマスであれば森林の過剰な伐採、輸入バイオマスであれば輸送時のCO_2排出への対策が必要とされます。

カーボンニュートラルな燃料を製造するBECCU

BECCU （CO_2回収・利用付きバイオマス発電）は、CCU のバイオマス版ですが、排出されるCO_2がカーボンニュートラルであることがCCU と異なります。したがって、グリーン水素と反応させたメタンなどは、カーボンニュートラルな燃料となります。大阪ガスでは、廃棄物由来のバイオガス中のCO_2や大気中のCO_2とグリーン水素からメタンを製造し、将来は燃焼後のCO_2を回収して再びメタンにする技術を開発しています。また、化学工業製品の原料として利用すると、廃棄時に燃焼させない限り、カーボンマイナスとなります。

BECCS
Bio-Energy with Carbon dioxide Capture and Storage の略で、バイオマスを燃焼したあとに排出されるCO_2を回収し、貯留する技術のこと。バイオマス発電以外も対象となり、たとえば微生物による発酵でもCO_2が排出されるが、これも回収して貯留できる。

BECCU
Bio-Energy with Carbon dioxide Capture and Utilization の略。バイオマスを燃焼したあとに排出されるCO_2を回収し、利用すること。燃料だけではなく、プラスチックの原料などにも使える。

● BECCSのしくみ

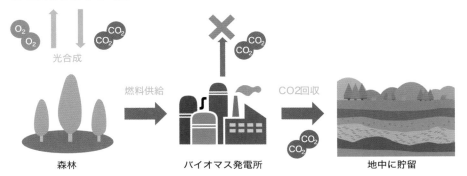

森林　　　　　バイオマス発電所　　　　地中に貯留

● BECCUのフロー

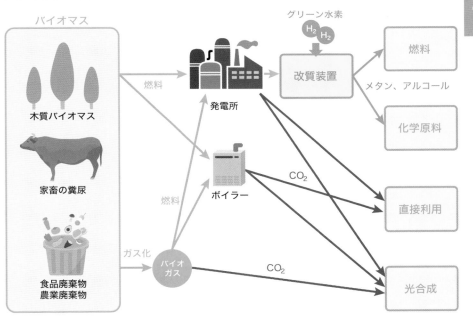

DACCS（CO₂直接回収・貯留）

大気中からCO₂を回収するには多くのエネルギーが必要

大気中に大量の CO_2 が排出されている状況では、大気中から CO_2 を直接回収して気候変動を食い止める必要があります。そのため、大気中の CO_2 を直接回収して貯留する、DACCSと呼ばれる技術の実証試験が進められています。

大気中のCO₂を回収して貯留するDACCS

DACCS
DAC (Direct Air Capture) + CCS (Carbon dioxide Capture and Storage)で、大気中から CO_2 を直接回収し、貯留する技術のこと。

DACCS（CO_2 直接回収・貯留）のしくみは、CCS と基本的に変わりません。**CO_2 の回収には、化学物質を使う方法が用いられており、地中に貯留するプロセスも CCS と同様**です。

とはいえ、大気中の CO_2 濃度はおよそ 0.04％しかありません。これを回収するためには、**CCS 以上に多くのエネルギーを使うこと**になります。反面、DACCS 設備は、CO_2 が貯留できる場所に設置すればよいという利点があります。

現在行われている DACCS の実証施設としてよく知られているのは、スイスのスタートアップであるクライムワークス社が行っているものです。アイスランドの地熱発電の電気を使って CO_2 を回収し、CO_2 を吸収する岩石層に貯留しています。

アイスランドの地熱発電
アイスランドは日本と同様に地熱資源が豊富で、温泉熱も暖房などに使われている。電気は 100％再エネで賄っており、うち 20％が地熱である。

Xプライズ財団が奨励するCO₂回収・除去

Xプライズ財団
1995 年に設立され、これまでに民間による宇宙飛行などで、賞金を用意した公開コンペティションなどを実施している。

技術開発の奨励を目的としている団体として、米国の**Xプライズ財団**があります。このXプライズ財団が 2021 年にスタートさせたのが、ギガトン規模の CO_2 回収・除去コンペティションです。このコンペティションに 1 億ドルの賞金を提供したのが、米テスラの CEO であるイーロン・マスク氏と、マスク財団であることも話題となっています。

目標は 2050 年に **10 ギガトン規模で大気中の CO_2 を除去できる商用化可能なシステムを構築する**ことです。現在、15 チームが 100 万ドルの資金を受け取って開発を進めており、2025 年には優勝チームに 8,000 万ドルの賞金が贈られます。開発に成功すれば、気候変動対策において重要な技術になることでしょう。

クライムワークスによるCO₂回収・貯留のしくみ

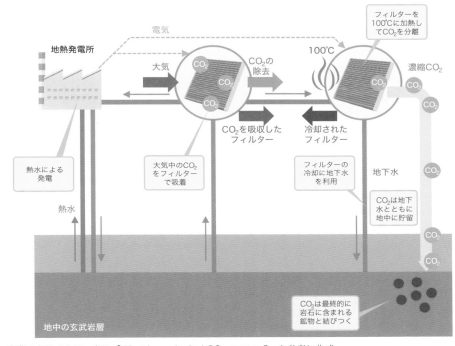

出典：クライムワークス「What is geological CO₂ storage?」を参考に作成

⚠One Point

メタンの回収・除去にも注目

温室効果ガスとしては、メタンも大きな影響を与えており、メタンを回収・除去する技術も研究されています。これは、ゼオライトと銅による触媒が、メタンを CO_2 に変化させるというものです。メタンは、ガス田やパイプラインをはじめ、牛のゲップや糞尿、水田、さらには温暖化によって融けつつある永久凍土からも放出されており、メタンが排出されている場所で回収・除去ができれば、温室効果を抑制できます。結果として CO_2 が排出されますが、メタンの温室効果は CO_2 の数十倍もあるため、実質的に温室効果ガスの削減になります。

鉄を取り出すために
直接反応させる水素の供給が鍵

脱炭素化の難しい産業の1つが製鉄業です。現在、鉄鉱石から鉄を取り出すしくみとして、石炭を原料としたコークス（炭素）により還元していますが、これを水素に置き換える技術の研究が進められています。

水素を使って鉄を取り出す水素直接還元製鉄

還元
酸化物から酸素を切り離す化学反応のこと。逆は酸化。高炉では、酸化鉄が還元されて鉄となり、炭素が酸化されてCO_2となる。水素直接還元炉では同様に、酸化鉄が還元されて鉄になり、水素が酸化されて水になる。

コークス
石炭を蒸し焼きにし、炭素だけを残した燃料。

課題
鉄鉱石と水素の反応は吸熱反応であるため、水素を加熱する必要がある。また現状では、高品質な鉄鉱石（鉄の含有量が多い鉄鉱石）を使う必要もある。

直接還元製鉄
天然ガス（メタン）による製鉄で使われる手法。

スクラップ
いわゆるくず鉄。身の回りやインフラなどで使われた鉄を回収し、電炉で融かして再度鉄鋼として利用することで、新たな鉄の生産を減らすことができる。

鉄鉱石は主に酸化鉄（鉄と酸素の化合物）でできており、**鉄を取り出すためには酸素を切り離す（還元）**必要があります。酸素を切り離す際には、炭素としてコークスが一般に用いられます。この炭素と鉄鉱石の酸素が化合してCO_2となり、金属の鉄が残るのです。そのため、CO_2が排出されることになります。

そこで、**炭素の代わりに水素を使って酸素を切り離す水素還元製鉄**の研究が進められていますが、課題があります。たとえば、水素はガスであるため、コークスのように扱えないことです。

一方、ガスを使った製鉄には直接還元製鉄があります。これは、鉄鉱石を天然ガスから生成した水素および一酸化炭素（CO）と直接反応させ、鉄にするものです。これを水素だけで行うのが水素直接還元製鉄です。この技術では、小さな穴が開いた状態の「スポンジ鉄」が生成されますが、これは電炉でスクラップとともに鉄鋼の原料となります。

課題はグリーン水素の供給

天然ガスによる直接還元製鉄は、すでに実用化されており、CO_2排出が3分の1にされた鉄鋼として供給されています。一方、水素直接還元製鉄は、世界各地で実証プラントが運転されており、日本では神戸製鋼所が建設を予定しています。低品位の鉄鉱石の利用や水素の加熱など、**課題解決に向けたさまざまな取り組みがあり、特にカーボンニュートラルなグリーン水素の供給**が重要です。現状ではグリーン水素の供給量は圧倒的に少ないうえ、輸送も課題（P.149参照）です。

⊙ 従来の製鉄と水素還元製鉄

●高炉による製鉄

鉄鉱石（赤鉄鉱）	コークス	空気中の酸素	鉄鋼	CO_2
$2Fe_2O_3$	$6C$	$3O_2$	$4Fe$	$6CO_2$

●天然ガスによる製鉄

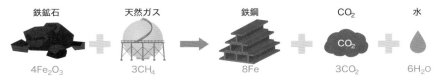

鉄鉱石	天然ガス	鉄鋼	CO_2	水
$4Fe_2O_3$	$3CH_4$	$8Fe$	$3CO_2$	$6H_2O$

●水素還元製鉄

鉄鉱石	水素	鉄鋼	水
Fe_2O_3	$3H_2$	$2Fe$	$3H_2O$

❗One Point

鉄鋼業の一部は海外移転も必要？

　水素直接還元製鉄を日本国内で行うのは効率的ではないという見方があります。というのも、海外で生産したグリーン水素を輸入するより、海外で生産した還元鉄（スポンジ鉄）を輸入し、国内の電炉で鉄鋼にしたほうが、輸送コストがかからないからです。そうなると、日本国内の製鉄業は一部を海外に移転することになるかもしれません。とはいえ、鉄はリサイクルしやすい資源ですから、将来は鉄鉱石からの製鉄より、スクラップからの製鉄のほうが増えてくるでしょう。そうすると、水素直接還元製鉄のプラントは、現在の高炉ほどは必要ないかもしれません。

SECTION 06

製造時に排出されるCO_2を コンクリートに戻す技術

> セメント産業において、製造時の CO_2 排出削減、コンクリートのリサイクルと並び、重要な技術となるのが CO_2 吸収コンクリートです。すでに商品化されており、コスト削減が課題となっています。

コンクリートによるCO_2吸収は合理的な技術

セメント産業は、CO_2 を大量に排出する産業の1つです。CO_2 排出の主な根源は、セメント製造時の石灰石と、原料を焼成する際に使う燃料です。**CO_2 をコンクリートに吸収させる技術は、セメントが再び石灰石に戻ることにつながるため、合理的**と考えられます。

とはいえ、セメントの CO_2 の吸収量は限られます。そこで、鹿島建設、中国電力、デンカ、ランデスは、CO_2 吸収コンクリートを開発しました。このコンクリートには、セメントに加え、二酸化ケイ素と酸化カルシウムの化合物を主成分とする混和材が使われています。これにより、セメント製造時に排出される量を上回る CO_2 が削減できるといわれています。

さらに大成建設が、製鉄の高炉から排出される高炉スラグを利用した CO_2 吸収コンクリートを開発するなど、この分野での技術の開発は活発になっています。

CO_2吸収コンクリートの課題

コンクリートが CO_2 を吸収して固くなることは、メリットばかりのように思われますが、コストなどの課題があります。混和材として使われる二酸化ケイ素と酸化カルシウムの化合物は、現時点では大量に生産されているわけではありません。セメントはそもそも高価な製品ではなく、大量に使うものであるため、**コストを下げて大量に生産することが必要**とされています。

このほか、**コンクリートの長期にわたる強度の検証**など、普及にあたって解決すべき点が多く残されています。

二酸化ケイ素
酸素とケイ素（シリコン）の化合物で、シリカとも呼ばれる。岩石中の石英の主成分であり、光学ガラスや光ファイバーなどに用いられる。

酸化カルシウム
酸素とカルシウムの化合物で、石灰や生石灰と呼ばれる。主に石灰石や炭酸カルシウムを燃焼して生成する。

高炉スラグ
高炉で鉄鉱石から鉄を取り出す際、鉄鉱石の不純物を取り除くため、石灰石が一緒に入れられる。この石灰石の成分と鉄鉱石の不純物が融けて固まったものが高炉スラグである。

❯ CO₂吸収コンクリートの配合の例

① 混和材の使用による
セメント量の低減

② 特殊混和材が
CO₂ を吸収・固化

② CO₂ を吸収させた
骨材を使用

CO₂ 排出削減・固定量を最大化したコンクリート	セメント	特殊混和材	CO₂	水	骨材（CaCO₃）
一般的なコンクリート	セメント			水	骨材（砕石・砂利など）

出典：資源エネルギー庁「コンクリート・セメントで脱炭素社会を築く！？技術革新で資源も CO₂ も循環させる」（2021-12-15）をもとに作成

❯ CO₂吸収コンクリートのイメージ（鹿島建設の例）

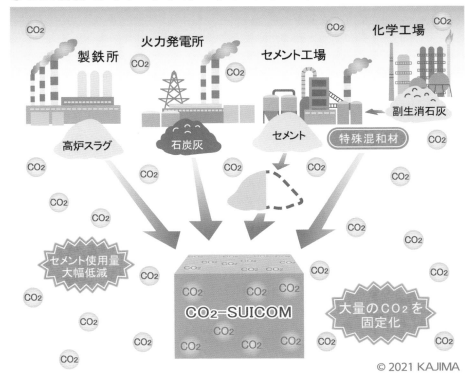

© 2021 KAJIMA

出典：鹿島建設株式会社ホームページ
出所：政府広報「二酸化炭素を吸収するコンクリート」（October 2021）

ピークカットだけではなく
エネルギー効率を高める改良が必要

エネルギー管理システム（EMS）には、BEMS や FEMS、HEMS、CEMS などの種類があり、再エネ導入により、さらなる改良が求められています。管理方法を改良することで、エネルギーの効率利用だけではなく、CO_2 排出の抑制につなげることも可能です。

コストバランスにより導入されるEMS

エネルギー管理システム（EMS）とは、事業所や住宅、さらには都市などで使われるエネルギーについて、**使用状況を把握して制御したり、施設の改修や運用改善などにつなげたりするためのシステム全般**を指します。エネルギーの使用状況を把握するためには、測定機器が必要です。また、制御のためのシステムも必要になるので、**設備設置のコストと節約されるコストとのバランスにより、導入されるシステムが決められます**。そのため、多くの大型ビルや商業施設では高度な設備が導入されていますが、中小のビルなどでは導入されていても電力消費のピークカットができる程度の機能に限られたシステムとなっています。

求められるEMSの改良

脱炭素化に向け、EMS のさらなる改良が必要とされます。BEMS が普及した理由は、ビルのエネルギー消費がパターン化されており、標準的なシステムを構築できたためです。一方で、**PPA など再エネ運用への対応**は、今後の課題です。また、蓄電池や EV への充電制御なども求められるでしょう。

HEMS では、**節約できる光熱費に見合った安価なシステムと自動制御**が求められます。FEMS の場合は、**IoT を活用し、施設の状態の監視や管理・運用を兼ねる**ことで、施設の修理や更新なども効率的に行えるようになり、エネルギーコストの節約だけではなく、施設の管理コストを下げていくことができるでしょう。さらに、CEMS を本格的に導入することで、街区ごとのエネルギーの効率化や、EV の充電スポットの管理も可能となってきます。

ピークカット
一般に電気料金は、使用できる最大電力に応じた「基本料金」と、使った電力量に応じた「従量料金」の2つで構成されている。ピークカットとは、最大電力量を下げることで、基本料金を下げること。従来の EMS は省エネより、ピークカットによる基本料金の節約のほうが、電気料金の削減につながっていた。

BEMS
ビルを対象としたエネルギー管理システムであり、比較的普及している。

HEMS
住宅を対象としたエネルギー管理システム。

FEMS
工場を対象としたエネルギー管理システム。工場ごとにエネルギー消費が異なり標準化できないことから、導入コストがかかっていた。

CEMS
都市を対象としたエネルギー管理システム。

⮕ エネルギー管理システムの例（BEMS）

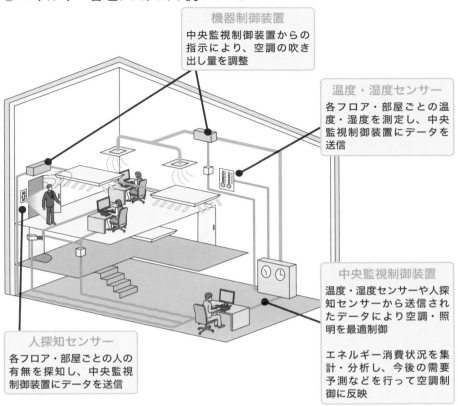

機器制御装置
中央監視制御装置からの指示により、空調の吹き出し量を調整

温度・湿度センサー
各フロア・部屋ごとの温度・湿度を測定し、中央監視制御装置にデータを送信

中央監視制御装置
温度・湿度センサーや人探知センサーから送信されたデータにより空調・照明を最適制御

エネルギー消費状況を集計・分析し、今後の需要予測などを行って空調制御に反映

人探知センサー
各フロア・部屋ごとの人の有無を探知し、中央監視制御装置にデータを送信

出典：環境省「トップランナー機器への買い換え」もとに作成

❗One Point

GXとDXをつなぐEMS

　GX（グリーントランスフォーメーション）とDX（デジタルトランスフォーメーション）をつなぐ技術がEMSと考えると、まだまだ改良の余地は大きいと考えられます。これまでのEMSは、見える化を通じたエネルギーの効率化を目指してきましたが、これからは「いかに自動制御をしていくのか」ということが、より重要になります。EMSはGXやDXという言葉がない時代から開発されてきました。その意味では、EMSの本領発揮はこれからといえます。

CO₂吸収の増強と生態系の回復を目的として十分な管理が必要

植物や藻類などは、光合成により CO_2 を吸収します。したがって、植物などを増やすことは、大気中の CO_2 の削減につながります。特に人類は、森林を大規模に伐採してきたため、植林は自然環境の回復の点からも重要です。

CO₂吸収量を増やす森林管理の重要性

森林を伐採
古くはチグリス・ユーフラテス文明において、樹木を燃料として消費しつくし、文明が崩壊したといわれる。現在でも、アフリカ、東南アジア、南米の熱帯雨林の伐採は地球規模の環境問題となっている。

　人類は世界各地で森林を伐採してきました。森林を伐採すると、**樹木に保存されていた炭素分が大気に放出されるだけではなく、表面の栄養分をもった土壌が失われ、砂漠化にもつながります。**こうしたことから、生態系を回復させると同時に、砂漠化を食い止めるためにも、植林が重要になってきます。

　また、植林しても適切な管理が行われなければ、樹木は十分に育ちません。日本も例外ではなく、植林による人工林が全国に広がっていますが、これらを**十分に管理することで、CO₂ 吸収量を増やすことができます。**

植林は生態系回復を優先

REDD／REDD＋
REDD は「森林減少・劣化からの温室効果ガス排出削減」の略称。これに森林保全、森林経営、炭素蓄積増強を加えたものがREDD+。途上国の森林保全や森林経営による CO₂ 排出削減と吸収増強に経済的インセンティブを与えるしくみで、気候変動枠組条約の下で進められており、カーボンクレジットの発行という形で経済的インセンティブが与えられる。

　CO_2 の吸収を促進するためといっても、生態系を破壊するような植物を植えることは問題です。たとえば、ユーカリは成長が早い樹木として知られていますが、もともとユーカリが存在していない場所に植林しても、その場所に生息する動物の餌などになることはありません。

　また、せっかく植林しても、安易に伐採してしまうと CO_2 は再び大気中に戻ってしまいます。伐採するのであれば、建築用資材として炭素をストックするとよいでしょう。

　地球上では植林が無限にできるわけではありません。その意味で、**植林は限定的な CO₂ 削減の方法**といえるでしょう。また、森林の減少は途上国でより大きな問題となっているため、それを食い止め、カーボンクレジットにつなげる REDD+ というしくみが促進されています。

➲ 植林、再植林、森林管理の違い（京都議定書の場合）

●新規植林→ 過去50年、森林でなかった土地に植林

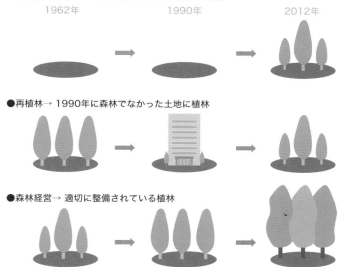

1962年　　　　　　1990年　　　　　　2012年

●再植林→ 1990年に森林でなかった土地に植林

●森林経営→ 適切に整備されている植林

※京都議定書では 2012 年までの CO_2 排出削減を規定していたため、2012 年の CO_2 吸収量が計算される。
※実際には、樹木本体だけではなく、土壌への蓄積や木材の利用なども計算される。
出典：森林・林業学習館「CO_2 吸収源としてカウントできる森林とは」（2021-12-15）をもとに作成

➲ 樹木（スギ）によるCO_2吸収量

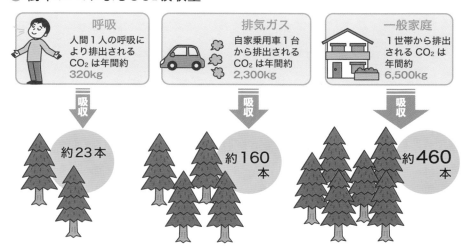

呼吸	排気ガス	一般家庭
人間1人の呼吸により排出される CO_2 は年間約 **320kg**	自家乗用車1台から排出される CO_2 は年間約 **2,300kg**	1世帯から排出される CO_2 は年間約 **6,500kg**

吸収　約23本　　吸収　約160本　　吸収　約460本

出典：関東森林管理局「森林の二酸化炭素吸収力」をもとに作成

ブルーカーボン

海洋によるCO₂吸収を高めるため生態系の保全・回復が急務

CO₂を吸収するのは陸上の森林だけではありません。海洋における藻類も重要なCO₂の吸収源になります。近年は海洋環境や生態系の破壊が進んでおり、その保全としてもブルーカーボンは注目されています。

海洋におけるCO₂の吸収

人間の活動を通じて排出されるCO_2は、年間で約350億トンに及びます。このうち、陸上植物が吸収するのが約80億トン、海洋で吸収されるのが約90億トンです。そして**海洋の吸収分のうち、約40億トンがブルーカーボンによるもの**といわれています。

ブルーカーボンとは、①アマモなどの海草、②コンブなどの海藻、③湿地・干潟の植物や藻類、④マングローブ林、の４つの海洋生態系に取り込まれた炭素を指します。しかし、それらの生態系は破壊されて減少しており、その回復が求められています。

一方、**ブルーカーボン以外の海洋による吸収分の約50億トンの一部は、植物性プランクトンによるもの**ですが、それ以外にも、CO_2は海水に直接溶けており、海洋酸性化の原因となっています。

ブルーカーボンが注目される理由

現状では、藻場が失われる磯焼けが広範に起こっており、また干潟保全が日本でも環境対策として取り組まれています。一方、熱帯のマングローブ林は、かつてのエビの養殖などで急速に失われてきました。こうした生態系の回復が課題となっています。

また、海洋生態系におけるCO_2吸収は近年、高く評価されるようになりました。**海洋酸性化を緩和する意味でも、海洋でのCO₂吸収は大きな役割を担います。**ブルーカーボンを取り込む生態系は途上国に広く分布しており、カーボンクレジット発行による経済的なしくみにより保全・回復していくことが求められています。CO_2の吸収だけではなく、生態系の回復、途上国の支援などの面からブルーカーボンが注目されるようになったといえます。

海草
海洋に生育する種子植物（アマモ類など）に対する総称。

湿地・干潟
海洋の湿地や干潟は、潮汐により空気と養分が豊富にあり、植物やプランクトンなどが繁殖しやすく、CO_2の吸収源となる。

マングローブ
熱帯および亜熱帯の河口付近などの汽水域で森林を形成する樹木の総称。

海洋酸性化
海洋表面の海水は一般的に弱アルカリ性だが、大気中のCO_2が海水に溶け込むことでアルカリ性が弱まり、海洋が酸性化していく現象。

● ブルーカーボンと炭素循環

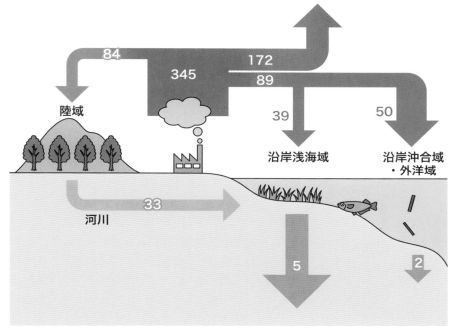

※単位：億 t-CO_2/ 年（数値は一部修正）

出典：国立研究開発法人 港湾空港技術研究所「ブルーカーボン―沿岸生態系の炭素隔離機能―」をもとに作成

❶One Point

ブルーカーボンの課題

　近年注目されているブルーカーボンですが、課題もあります。まず、パリ協定における温室効果ガス排出・吸収目録（インベントリ）に正式に含まれているわけではありません。そのため、いまだに交渉のテーマとなっています。また、そもそも海洋における CO_2 循環がきちんと把握されているわけではありません。この点については、さらなる研究が必要とされます。

太陽光で水を酸素と水素に分解し CO_2 を利用

人工光合成は、植物に頼らず、太陽光を使ってカーボンニュートラルなエネルギー資源などをつくり出す技術です。植物の光合成より高効率で、直接グリーン水素をつくることができるため、期待が寄せられています。

水素をつくって CO_2 と反応させる人工光合成

光合成とは、植物などが太陽光のエネルギーを使い、CO_2 と水からデンプンなどの養分（有機化合物）をつくり出すしくみです。こうした化学反応を人工的に行うものが人工光合成です。

光合成は、**水を分解して水素イオンを生成する反応**と、**CO_2 と水素イオンから養分を生成する反応**の2段階で構成されます。人工光合成でも水素を生成したあと、CO_2 と反応させて有機化合物をつくります。

メタネーション（P.150 参照）やオレフィンなど、水素を使って有機化合物をつくる技術は、人工光合成以外でも研究されています。そのため、**人工光合成は主に水素の製造が中心**となります。一般的な方法では、光触媒を使い水を酸素と水素に分解するため、太陽光のエネルギーを効率よく使える光触媒の開発が必要です。

人工光合成の用途

人工光合成の技術があれば、**再エネで電気をつくらなくても、グリーン水素を製造**できます。また、水素はそのまま、ないしは CO_2 と化合させ、化学工業の原料や燃料にすることもできます。

現状では、**太陽光のエネルギーに対し、約10%の効率で水素を製造する**ところまで技術が進んでいます。最近では豊田中央研究所が、水と CO_2 から高効率でギ酸をつくる技術を開発しました。

植物の光合成より効率は高いですが、太陽光発電のエネルギー変換効率より低いです。しかし、水素は電気より貯蔵しやすいなどの利点があります。将来は太陽光発電と人工光合成、太陽熱利用を含めた、さまざまな太陽の利用が進むと考えられます。

オレフィン
エチレンやプロピレンなど、炭素の二重結合をもつ炭化水素の総称。ポリエチレンやポリプロピレンなどのオレフィン樹脂の原料や化学工業の原料となる。

ギ酸
化学式は HCOOH、漢字で書くと蟻酸、すなわちハチやアリの一部がもつ毒性の物質である。常温では液体なので、貯蔵しやすく、そのまま燃料にするほか、必要時に分解して水素を取り出すこともできる。

➡ 2段階で構成される人工光合成

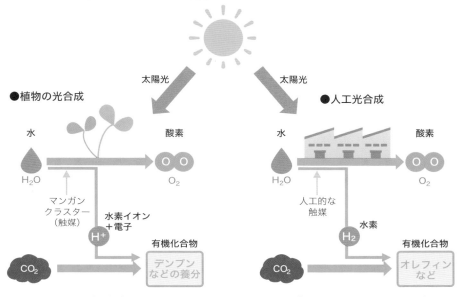

出典：資源エネルギー庁「CO₂を"化学品"に変える脱炭素化技術『人工光合成』」（2018-07-05）をもとに作成

➡ 人工光合成セルのイメージ

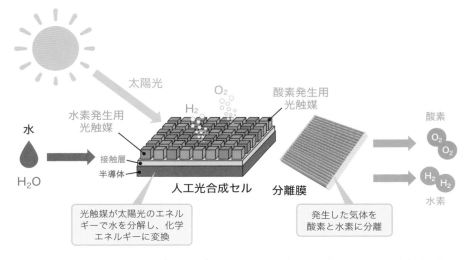

出典：国立研究開発法人 新エネルギー・産業技術総合開発機構（NEDO）「人工光合成の水素製造で世界最高レベルのエネルギー変換効率2%を達成」（2015年3月31日）を参考に作成

2050年を想像してみよう

求められる長期ビジョン

　日本の大手企業では、おおよそ3年ごとに中期経営計画を策定しています。それはそれで利点がありますが、目先の目標だけで企業の将来像が見えなくなるおそれもあります。

　しかし最近では、気候変動対策を計画に盛り込むようになったことで、各社とも長期ビジョンの策定が求められるようになりました。これにより、企業の持続可能な将来像を描く重要性を改めて認識することになったといえます。

カーボンゼロ社会を想像する

　2050年の企業の将来像を考えるうえで、まずその時代の社会がどうなっているかを想像する必要があります。もちろん、未来は確定したものではありませんし、自然現象も科学技術の発展も予測どおりにはならないでしょう。AIの進化には目を見張るものがありますが、異常気象などは予測を超えて増加しています。

　それでも、2050年は「カーボンゼロ社会」になっていることを前提とすることが必須です。もちろん、カーボンゼロ社会にはならず、異常気象が増加している可能性はあります。ただし、そういった社会でも、CO_2排出を可能な限り抑えなければならないことは想像できるでしょう。

将来に必要とされる事業か

　カーボンゼロ社会では、どのようにエネルギーが生み出され、使われているのでしょうか。また、交通手段や建物、農業や漁業、あるいは働き方などはどのように変わっているでしょうか。

　カーボンゼロ社会を想像するだけでも、SF小説のような近未来が思い浮かぶかもしれません。そこで大事なことは、そういった社会において、あなたが所属する企業に居場所があるかどうかということです。カーボンゼロ社会で不要とされるような事業に固執することなく、時代の要請に合わせた事業に転換を図れているかが重要です。

　本書のテーマである「脱炭素」は10年から30年、50年といった単位で考える問題です。将来の事業の持続可能性について、まずは2050年を想像してみてください。

環境評価が高い企業の
ビジネス戦略

日本の企業も、カーボンニュートラル実現の目標を掲げています。

企業の特徴に合わせ、再エネの開発やサプライチェーンの連携、

環境負荷の少ない製品開発など、さまざまな方針を打ち出しています。

ここでは、気候変動対策や生態系保全などに積極的に取り組む、

環境評価の高い主な企業を紹介します。

ソニーグループ

再エネ利用の先駆者として
2040年ネットゼロを目指すソニー

テクノロジーとエンターテインメントでは、日本有数の企業として知られているソニーグループですが、サステナビリティへの取り組みも進んでいます。ソニーグループは2040年カーボンゼロを目指し、再エネ利用率を段階的に引き上げる計画を発表しています。

Road to Zero、2040年ネットゼロへ

グリーン電力証書
再エネの電気のうち、CO_2を排出しないなどの環境価値を切り離し、第三者の認証を得たうえで発行される証書。需要家がこの証書と電気を組み合わせることで、再エネの電気を使っているとみなされる。

ソニーグループは1990年代から、環境活動方針とその行動計画を策定し、環境への取り組みを展開してきました。2010年には、2050年に環境負荷ゼロを目指す環境計画「Road to Zero」を策定し、気候変動対策のみならず生物多様性の保全や製品の回収・リサイクルなどにも取り組んでいます。気候変動対策として2022年、**バリューチェーン全体でのネットゼロ達成の目標を当初の2050年から2040年へ前倒し**し、この目標はSBT（P.38参照）によるネットゼロ目標にも認定されています。

具体的には、省エネや再エネ利用などの対策が示されています。**CO_2排出の大きな割合を占めているのが製品使用時におけるもの**です。そのため、製品の省エネ化が重要なテーマとなっています。

100％に引き上げる
ソニーグループはこうした目標を掲げ、RE100（P.38参照）というイニシアチブにも参加している。

2030年に再エネ100％利用を実現

ソニーグループのCO_2排出削減策として注目されるのは**再エネ利用**です。古くは1990年代に当時の東京電力と、風力発電の電気の使用について検討を行い、2000年からグリーン電力証書として環境価値の利用を開始しました。同社の2021年度の再エネ利用率は14.6％ですが、**2025年までに35％、2030年に100％に引き上げる**ことが**目標**です。

追加性
需要家が再エネを使うのに新たに設備を設置する場合、再エネの総量が増えるため「追加性がある」という。一方、既存の水力発電やFIT（P.126参照）認定の再エネの電気を調達しても、再エネの総量は増えず、ほかの需要家が火力発電の電気を使う割合が増えることになる。この場合は「追加性がない」という。

現在は、事業所に設置した再エネ発電設備からの電力供給が中心ですが、今後は**オフサイトPPAの割合が拡大していくでしょう。**拡大にあたり、環境負荷のない再エネ設備であることや、「追加性」のある再エネを利用することなどが方針とされています。

➡ ソニーグループのCO₂排出削減ロードマップの見直し

● 「Road to Zero」ロードマップ見直し

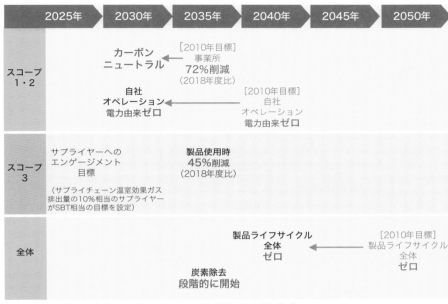

出典：ソニーグループ「Sustainability Report 2022」をもとに作成

➡ バリューチェーンにおける温室効果ガス排出量

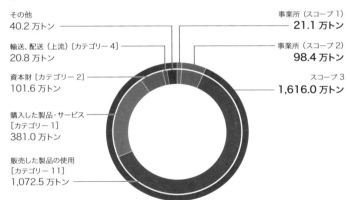

出典：ソニーグループ「Sustainability Report 2022」をもとに作成

イオングループ

発電設備を店舗に設置するとともに
サプライチェーンの排出削減に挑む

イオングループは日本を代表する流通・小売企業です。大型店舗では、太陽光発電設備の設置が進んでおり、2040年に店舗から排出されるCO_2をゼロにすることが目標です。また、商品が店頭に並ぶまでに排出されるCO_2をいかに減らすかが課題となっています。

2030年に総合スーパーなどを再エネ100%化

イオン幸せの黄色いレシートキャンペーン
イオンが毎月11日に行っているキャンペーン。この日限定の黄色いレシートを、店内に設置された、応援したい団体のボックスに入れることで、レシートの金額に応じてその団体に合計金額の1%が寄付されるしくみ。

イオングループの環境保全活動というと、気候変動対策よりも**生物多様性の保全に古い歴史があります**。1991年には植樹活動「イオンふるさとの森づくり」を開始し、消費者にとっては2001年開始の、好きなボランティア団体を寄付先に選べる「イオン幸せの黄色いレシートキャンペーン」の印象が強いかもしれません。

この背景から、気候変動対策も早期から積極的に行っています。店舗の省エネと同時に、再エネ設備の導入も進めており、2022年2月末で1,049店舗、合計7万3,234kWの太陽光発電設備を設置しています。また、PPA導入も29店舗、7,672kWに及びます。

2030年にはショッピングセンターと総合スーパーを再エネ100%にする予定ですが、2022年2月末時点で13か所が実現されています。今後はPPAの活用を中心に、再エネ100%化を進めていく方針です。特に最近では、小規模な太陽光発電所を数多く開発し、電気の地産地消となるPPAの取り組みが進められています。

サプライヤーに応じた具体的な排出削減策

イオングループのCO_2排出源は、スコープ3が大部分を占め、2012年からサプライチェーンにおける排出削減に取り組んでいます。排出量の半分以上が、購入した製品やサービスによるもので、これは**商品が店頭に並ぶまでに排出されたCO_2**といえます。

サプライヤーに応じた対策
具体例としては、北海道で生産されるジャガイモの冷蔵について、雪の冷熱を利用するケースなどがある。

排出削減としては、サプライヤーに応じた対策を講じていく方針です。物流面では、太陽光発電設備を倉庫に設置し、無人化や省人化を進め、空調エネルギーの節約、モーダルシフト（P.120参照）による配送者の負担軽減などで排出削減を図っています。

⟳ イオンの脱炭素ビジョン

●これまでの取り組みの進化

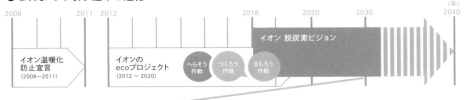

<table>
<tr><td></td><td>

イオン脱炭素ビジョン

脱炭素社会の実現を目指し、「イオン 脱炭素ビジョン」と、中間目標として2030年の温室効果ガスの排出削減目標を策定

</td><td>

中間目標 2030年までに店舗使用電力の50%を再エネに切り替え（国内）

達成手段の考え方 CO_2排出量の約9割が電力由来 →店舗使用電力の削減と再エネ転換

</td></tr>
</table>

3つの視点でCO_2排出削減に取り組み、脱炭素社会の実現に貢献

店舗	商品・物流	お客様とともに
店舗で排出するCO_2を総量でゼロにする	事業過程で発生するCO_2をゼロにする努力を続ける	すべてのお客様とともに、脱炭素社会の実現に努める

出典：イオン「イオンレポート 2022 サステナビリティ編」（2022 年 12 月発行）をもとに作成

⟳ スコープ3におけるCO_2排出量（2021年度）

	スコープ3 排出カテゴリー	排出量 (t-CO_2e)	構成比 (%)		スコープ3 排出カテゴリー	排出量 (t-CO_2e)	構成比 (%)
1	購入した製品・サービス	3,627,054	55.2	8	リース資産	0	0.0
2	資本財	1,253,975	19.1	9	輸送、配送（下流）	0	0.0
3	スコープ1・2に含まれない燃料およびエネルギー関連活動	313,273	4.8	10	販売した製品の加工	0	0.0
				11	販売した製品の使用	136,793	2.1
4	輸送、配送（上流）	219,696	3.3	12	販売した製品の廃棄	75,105	1.1
5	事業活動から出る廃棄物	119,502	1.8	13	投資リース資産（下流）	760,128	11.6
6	出張	47	0.0	14	フランチャイズ	0	0.0
7	雇用者の通勤	46,856	0.7	15	投資	15,450	0.2
				合計		6,567,878	100.0

出典：イオン「イオンレポート 2022 サステナビリティ編」（2022 年 12 月発行）をもとに作成

花王

CO₂を排出しない原材料調達と環境負荷の少ない製品の開発

花王は、国際的な環境 NGO である CDP の評価で、「気候変動」「森林」「水」の３分野において、３年連続（2022 年まで）で最高ランク A を獲得しています。消費者に身近な企業ですが、その製品に企業の姿勢が反映されています。

2050年カーボンネガティブが目標

花王は気候変動対策のうち、スコープ１と２では早期から積極的な取り組みを進めてきました。同社事業所への太陽光発電設備の設置を 2010 年から開始し、2021 年末には 17 か所に拡大させています。また、2006 年にはインターナルカーボンプライシング制度を導入し、2021 年には CO_2 排出価格を引き上げ、設備の省エネ化を進めています。花王は、CO_2 排出削減目標として **2050年カーボンネガティブ**を掲げ、具体的な手段の１つとして **CO_2 を原料とする製品の開発**を挙げています。

インターナルカーボンプライシング制度
企業内で CO_2 の価格を見積もり、投資判断などに利用する制度。

カーボンネガティブ
CO_2 の排出量と吸収量の差をゼロにするカーボンニュートラルに対し、正味の CO_2 を削減させる施策。大気中の CO_2 を原料に製品を製造すると、その分の大気中の CO_2 が削減される。

環境負荷の少ない製品の開発

花王は、CO_2 排出の大部分を占めるスコープ３について、「いっしょに eco」という考え方で排出削減を進めています。まず**スコープ３の約 40% が原材料調達に関する CO_2 排出**であり、製品のライフサイクルにおける脱炭素化の推進を取引先に要請しています。同じく 40% を占める製品使用に着目し、**環境負荷が少ない製品の開発**も進めています。その１つが、すすぎが少なくて済む「濃縮洗剤」です。すすぐ際の水やエネルギーだけではなく、輸送に使うエネルギーや容器に使うプラスチックも削減されます。

花王は、CDP の評価において、３つの分野で最高ランク A を獲得しています。たとえば、「森林」の分野では、同社はインドネシアで小規模なアブラやしの生産農園を支援するプログラムを導入しています。**持続可能な農園にするため、教育や資機材などを提供することで、森林伐採による新規農園開拓の抑制**などにつなげており、間接的に CO_2 排出削減に貢献しています。

➡ 花王のカーボンフットプリントの削減目標

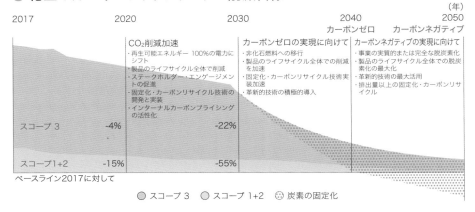

出典：花王「花王 統合レポート 2022」（2021年12月期）をもとに作成

➡ 製品のライフサイクルで排出されるCO_2の割合（2021年）

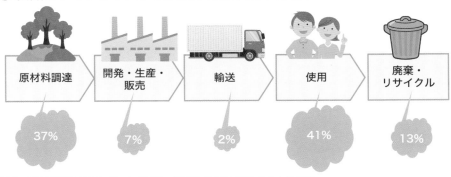

原材料調達	開発・生産・販売	輸送	使用	廃棄・リサイクル
37%	7%	2%	41%	13%

出典：花王「花王 統合レポート 2022」（2021年12月期）をもとに作成

❗One Point

CDPのトリプルA

　CDPでは、「気候変動」のほか、「森林（森林保全）」と「水（水環境の保全）」も調査しており、3つの評価がすべて最高ランクのAになることを「トリプルA」と呼んでいます。過去には不二製油（P.206参照）も2020年と2021年の2年にわたってトリプルAを獲得しました。森林保全や水環境の保全の活動を公表する企業はまだ少ないですが、いずれも気候変動や生物多様性などに関係する課題であり、企業のさらなる取り組みと情報公開が求められます。

不二製油グループ

食品加工において 持続可能な原料調達が必須

不二製油グループは、消費者にはなじみが薄い企業かもしれませんが、業務用チョコレートでは世界第3位のシェアがあります。不二製油は2030年までにCO_2排出40％削減を目標に掲げており、持続可能な原料調達を実現するべく、さまざまな取り組みを行っています。

2030年CO_2排出の40％削減が目標

不二製油グループのCO_2排出に対する削減目標は、2016年比でスコープ1＋2総量を2030年までに**40％削減、スコープ3（カテゴリ1）総量を18％削減**としています。コージェネレーション（P.108参照）システムや太陽光発電の導入、生産プロセスの変更、グリーン電力証書（P.200参照）の活用、またインターナルカーボンプライシング制度（P.204参照）のトライアル導入も進めています。スコープ3（カテゴリ1）削減に向け、サプライヤー数社に対し、エンゲージメント活動の手続きも開始しました。

持続可能な原料調達

不二製油グループは、植物を原料とした加工食品を中心に事業を展開しています。特にパームヤシやカカオ、チョコレートなどの食品や化粧品に使用されるシアカーネルは、**環境問題だけではなく、児童労働などの人権問題にも関わる農作物**であり、いかに持続可能な調達を行っていくか細心の注意を払う必要があります。

また大豆については、2つの注目される取り組みが行われています。1つは**大豆ミートをはじめとしたプラントベースフードの開発**です。単に動物性を植物性に置き換えるのではなく、人と地球の健康を考えた新たな植物性食品の選択肢の拡大に取り組んでいます。もう1つはCCUで、回収したCO_2を使い、CO_2濃度が高い環境で大豆を効率的に育てる産官学の共同プロジェクトです。

持続可能な調達という点では、大豆などを原料とするプラントベースフードの市場拡大も見込まれており、直接的な脱炭素化にとどまらないCO_2削減が期待されています。

エンゲージメント活動
金融機関によるエンゲージメントと同様、発注企業と受注企業との間の気候変動問題への取り組みに対する建設的な対話を指す。今後、企業のスコープ3対策が拡大することで、こうした活動が増加することが見込まれる。

シアカーネル
シアの木の果実からとれる種子のなかにある胚。シアカーネルは、チョコレートなどの食品や化粧品に使用されるシアバターの原料となる。シアは降雨の少ないアフリカのサヘル帯で自生しており、栽培も主にこの地域で行われている。

プラントベースフード
植物を原料とした大豆ミートや植物性チーズ、植物性バターなどの食品。動物性食品に比べ、生産効率が高く、温室効果ガス排出を含めた環境負荷が小さいことから、持続可能な食品として期待されている。

⦿ スコープ1+2のCO2排出量と原単位の推移

出典：不二製油グループ本社「不二製油グループ サステナビリティレポート 2022」をもとに作成

⦿ 不二製油グループの事業領域とリスクマネジメント

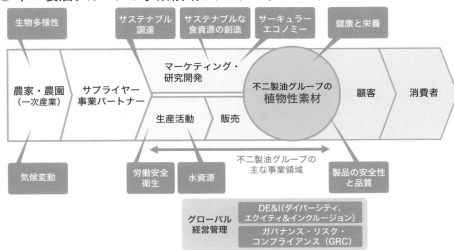

出典：不二製油グループ本社「不二製油グループ 統合報告書 2022」を参考に作成

再エネの余った電気の活用で
電炉のCO_2排出を削減

東京製鐵は日本最大の電炉製鉄会社です。電炉は主に、電気のエネルギーでスクラップを融解し、鉄鋼として再利用するために使われます。エネルギー消費は大きいですが、高炉よりCO_2排出量が少なく、再エネの電気も利用できます。

電炉＋再エネでCO_2排出を削減

電炉に置き換える
高炉を電炉に置き換えることに加え、使用する電気を再エネ由来のものにすると、さらにカーボンニュートラルに近づく。

出力抑制
主に九州エリアで、春や秋、休日などの電気需要が少ないときに発電すると電気が余り、電力システムに悪影響を与えるため、発電所の出力を抑制すること。最近では東北エリアや四国エリアなどでも出力抑制が行われることがあり、今後の再エネの拡大により増える見通し。蓄電池や「上げのDR」による再エネの電気の有効活用が期待される。

デマンドレスポンス（DR）
電力需給が逼迫したときや過剰になったときに、需要側で調整すること。節電により需給のバランスをとる「下げのDR」が一般的だが、電気が余ったときは電力需要を使って吸収する「上げのDR」も行われる。電気が余ったときに電炉を稼働させるのは、上げのDR。

東京製鐵のCO_2排出削減目標は、**2030年に鉄鋼生産あたりの原単位で60%削減、2050年に実質ゼロ**にするというものです。この排出削減の取り組みに企業の成長も織り込んでいます。

鉄鋼業界は、日本国内のCO_2排出量の約12.5%を占めます。この鉄鋼業界全体のCO_2排出量のうち90%以上が高炉メーカーからの排出となっています。しかし、日本には十分なスクラップがあるにもかかわらず、電炉による鉄鋼生産は全体の4分の1程度です。つまり、**鉄鋼生産を**電炉に置き換える**ことが、CO_2排出削減につながります。**

DRを活用して高品質な製鉄に挑戦

日本で電炉による製鉄が拡大しなかった理由の1つが品質です。スクラップにはさまざまな元素が含有されており、この分離が難しく、品質を安定させることが簡単ではありませんでした。そのため東京製鐵は、**品質を安定させ、高品質な鉄鋼製品の生産を実現する「アップサイクル」**を構築しています。また製鉄とは別に、その大半が産業廃棄物として埋め立てられている**廃乾電池を鉄鋼原料として用いる**ことで、**資源循環の促進**を図っています。

電炉の運用は、再エネ発電と連携させると効果的です。現在、九州エリアでは太陽光発電設備の設置が増大し、時期により出力抑制が行われるため、余った電気を活用した電炉の運用が実施されています。余った電気を活用する取り組みの拡大は、再エネのさらなる導入にもつながります。このように需要側で電気の需給に対応することをデマンドレスポンス（DR）といいます。

● 東京製鐵のスコープ１＋２のCO₂排出削減ロードマップ

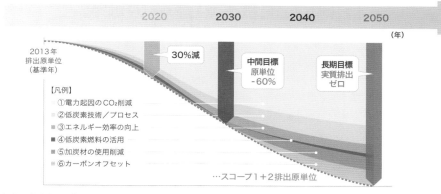

出典：東京製鐵「環境報告書 2021」をもとに作成

● 日本の鉄鋼部門のCO₂排出量と鉄リサイクルの流れ

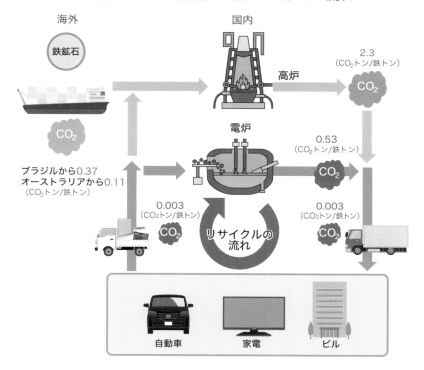

出典：東京製鐵「環境報告書 2021」をもとに作成

ZEHやZEBへの建物の改修と設備の効率改善で脱炭素化に寄与

建設会社にとって建物の脱炭素化は事業機会につながり、再エネ設備の建設でも大きな役割を果たすことができます。既存の建物を ZEH や ZEB に近づける改修を進めるとともに、設備の効率改善に取り組み、スコープ 3 対策で脱炭素化を推進することが求められています。

住宅事業のみならず再エネ開発にも積極的

大和ハウス工業は、住宅を中心とした建設会社のイメージが強いですが、太陽光発電などの大規模な再エネ設備の開発も行っています。RE100（P.38 参照）に参加し、**事業所で使用する電気を 2023 年度に再エネ100％にする計画**ですが、事業所で使用する電気以上に多くの再エネ発電を行っています。

大和ハウス工業のメガソーラー開発は、住宅用太陽光発電の経験が生かされています。FIT が事実上、終了し、今後は **PPA 向けの太陽光発電をどう拡大させていくかが注目**されます。

多くの再エネ発電
グループ全体では、2021 年度末で 56 万5,000kW の再エネ発電設備を所有している。

ZEHとZEB中心のスコープ3対策

大和ハウス工業のバリューチェーンにおける CO_2 排出量のうち、スコープ 1 と 2 に相当するものはわずか 3 ％です。**およそ半分が建物の使用を通じて排出されるもの**であり、**残り半分が調達、修繕、廃棄などによるもの**です。

建物から排出される CO_2 への対応として、ZEH では戸建て住宅だけではなく、集合住宅向けの ZEH-M の建設も進められており、IoT を活用した DR（P.208 参照）の実証実験なども行われています。こうした取り組みは ZEB でも同様です。ただし現状では ZEB の販売率が半分以下のため、ZEB の認知度を高めることから進めていく方針です。

しかし、既存の建物が使われる限り、CO_2 の排出は続きます。そのため、**ZEH や ZEB に近づける改修も必要**となってくるでしょう。その点で、EP100 に基づき、まずは同社が**運営する設備の効率改善を進め、設備の展開を行っていく**ことが想定されます。

EP100
エネルギー効率（省エネ）の 50％改善を目標としたイニシアチブ。日本では RE100に比べ、参加企業が少ない。建物の効率改善では、日本は欧米より遅れているため、積極的な取り組みが求められている。

再エネ供給施設・設備の施工実績と目標（累計発電出力）

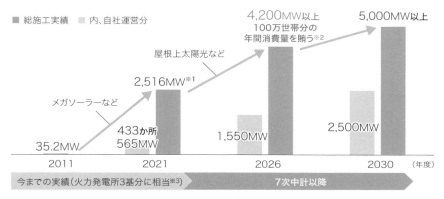

■ 総施工実績　■ 内、自社運営分

※1 2022年3月末時点。自社運営以外に請け負った案件を含む
※2 年間発電量を 1,100kWh/kW とし、世帯平均の使用電力を 4,322kWh/ 年として試算
※3 火力発電所 1 基の出力容量を 800MW として計算

出典：大和ハウス工業「大和ハウスグループ 統合報告書 2022」をもとに作成

スコープ別の温室効果ガス排出量の削減計画

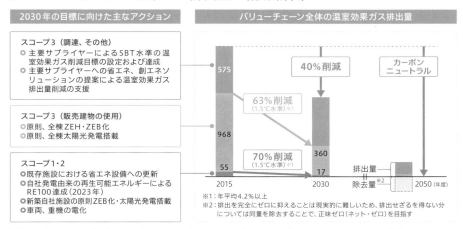

出典：大和ハウス工業「大和ハウスグループ サステナビリティレポート 2022」をもとに作成

古河電気工業

再エネ利用と銅製造の経験のもと 電力ケーブルなどに事業を展開

古河電気工業は、歴史的に再エネと縁が深い企業です。古くは足尾銅山の銅鉱石を、日光市にある水力発電所の電気で精錬していました。現在は、洋上風力発電や高圧直流送電（HVDC）用の海底送電線などに事業機会を見出しています。

銅の製造からの持続可能性の追求

古河電気工業のルーツの1つは、栃木県にかつてあった足尾銅山です。日光市にある水力発電所の電気を利用し、銅の製造を行っていました。**再エネ利用の歴史**が、同社の持続可能な事業に生かされています。

銅は、脱炭素化で需要が伸びるとされている金属で、地中や海底の送電線をはじめ、リチウムイオン蓄電池などにも使われています。そうしたなか、同社の栃木県の事業所では、1988年に銅の精錬事業を停止した代わりに、**銅のリサイクルを開始**しています。水力発電所は現在でも同社の重要な電源となっています。

海底送電線と自動車部品の拡大に期待

古河電気工業の CO_2 排出削減目標は、**2030年にスコープ1＋2は2021年度比42％以上削減、スコープ3は2021年度比25％以上削減、2050年にスコープ1＋2の排出量チャレンジ目標ゼロ**とされています。

気候変動対策における事業機会としては、TCFD（P.36参照）のシナリオでは、**光ファイバーケーブル、電力ケーブル、自動車部品**にあるとされています。光ファイバーケーブルはスマートシティに、電力ケーブルは海底ケーブルに、自動車部品は電動化・軽量化において需要増が見込まれます。特に**海底ケーブルは、洋上風力発電や、HVDC用の海底送電線に不可欠**で、日本市場だけではなく海外市場も視野に入れられています。

いずれも製造にあたり、再エネやリサイクル原料などを利用することで、CO_2 排出を削減することが必要です。

自動車部品
自動車部品では、ワイヤハーネスをはじめ、ステアリングロールコネクタや鉛バッテリー状態検知センサーなどの部品がある。

HVDC
高圧直流送電。送電は電圧が高いほど、そして交流より直流のほうがロスが少なく、効率よく電気を送ることができる。そのため、長距離送電では、HVDCが用いられている。欧米や中国では、こうした送電線が拡大しており、日本でも北海道や九州の再エネ由来の電気を需要地に送るため、海底送電線によるHVDCが計画されている。

⬥ 古河電工グループの循環型生産活動に向けた取り組み

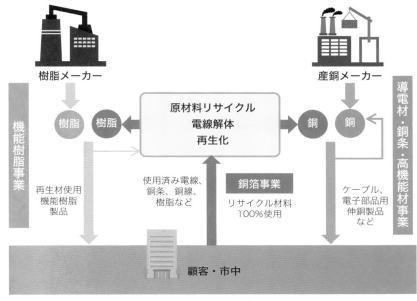

出典：古河電気工業「古河電工グループ 統合報告書 2022」をもとに作成

⬥ 古河電工グループの温室効果ガス排出削減の目標

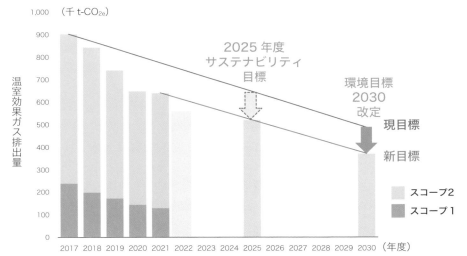

出典：古河電気工業「ESG 説明会 ビジョン 2030 達成に向けた ESG に関する取組み」(2023 年 3 月 13 日)
をもとに作成

EVの量産だけではなく
生産・使用のエコシステムを構築

世界初の量産型EVの「日産リーフ」を発売し、2022年には軽EVの「日産サクラ」で日本のEV市場を拡大したのが日産自動車です。その持続可能性に向けた戦略では、社内にCSO（最高サステナブル責任者）を設置するなど、ガバナンスのしくみも構築されています。

EVのエコシステムでカーボンニュートラル

エコシステム（生態系）
元来は生物学の用語。ここでは、さまざまな業界の事業者による製品やサービスが連携し合い、より大きな収益構造をつくり上げるしくみを指す。

材料
主にリサイクル材。

　日産自動車にとって、気候変動対策の柱はEV拡大にあります。とはいえ、EVを量産しただけではCO_2の排出は削減されません。**バリューチェーン全体を見渡し、CO_2排出削減に資する**エコシステム（生態系）**を確立する**必要があります。EVの生産過程でのCO_2排出量は、ガソリン自動車より多いといわれます。そのため、生産工場での再エネ利用のほか、特に蓄電池やモーターに使われる希少金属の再利用などが、これからの課題となります。日産自動車では、自動車1台あたりの資源使用量のうち、**新規採掘でない材料を2050年に70%にする**ことを目標としています。

　日本でEVが普及しない理由の1つが、充電設備の不足です。そのため、同社は充電ソリューション事業に着手しています。また充電する電気については、再エネによる充電が可能なシステムを構築し、EVの使用済み蓄電池の再利用も進めています。

持続可能性の戦略とガバナンス

　TCFD（P.36参照）に対応するために、まず求められるのがガバナンスであり、企業としてのしくみの構築が重要です。その点、日産自動車では、取締役が共同議長を務める**グローバル環境委員会にて全社方針や取締役会への報告内容を決議**しています。このように脱炭素化は、企業の事業戦略の柱の1つと位置付け、取締役会が積極的に関与することが求められます。また、戦略の策定や推進、見直しにあたっては、株主、顧客、従業員、地域社会、取引先といった多様なステークホルダーとの対話が不可欠であり、対話を行っていくこともガバナンスのなかに組み込まれています。

⊙ バッテリー（蓄電池）の循環と再エネ利用のシステム

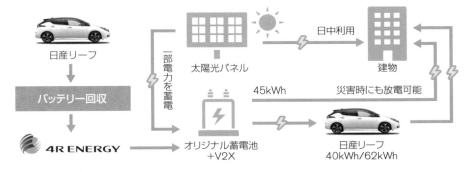

出典：日産自動車「サステナビリティレポート 2022」

⊙ 環境戦略のガバナンス体制

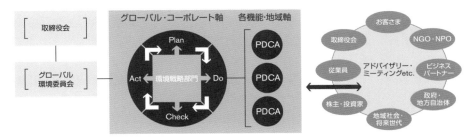

出典：日産自動車「サステナビリティレポート 2022」

SECTION 09
EV化やモーダルシフトなど物流のビジネスモデルを変革

佐川急便は 2003 年から 2012 年までに参加した WWF（P.40 参照）との協働プログラムで、CO_2 排出を 9.29％削減しました。その後、10 年が経過し、物流業界の CO_2 排出削減は新たな目標に向かっています。

EV化とモーダルシフトなどで脱炭素

SG ホールディングス傘下でその中核企業である佐川急便は、2003 年に WWF の**クライメート・セイバーズ・プログラム**に参加し、10 年間で６％の CO_2 排出削減を目標としました。そして同社は、**天然ガストラック**の導入と、**モーダルシフト**などの取り組みで **CO_2 排出を削減し、目標を達成**しています。

現在は車両の EV 化を進めていますが、**トラックの EV** そのものが市場にはほとんどないため、当面は**軽貨物車の EV 化を進める方針**で、**2030 年には軽貨物車の 100% EV 化**を実現する予定です。

モーダルシフトでは、**2004 年に**東海道線**を夜間運航する電車型特急コンテナ列車の運用を開始**しています。最近では、フェリーの利用を拡大して CO_2 排出削減とドライバーの負担軽減を図り、同様に中継センターの設置などで効率的な輸送も行っています。

倉庫で再エネを利用するなどの取り組み

SG ホールディングスグループに限らず、物流業界では**拠点となる倉庫に再エネ設備を設置する**など、再エネ利用の拡大も進めています。SG ホールディングスグループの近年の CO_2 排出削減は、再エネ利用によるところが少なくありません。

物流業界では、e コマースの拡大により、宅配便の配送量が増加してきました。利便性により CO_2 排出が増大している一例です。その点、**モーダルシフトの普及などは物流のしくみや時間を大きく変化させます**。CO_2 排出削減に向け、物流会社の未来の姿そのものを変える必要があるのかもしれません。

クライメート・セイバーズ・プログラム
参加企業は先進的な温暖化対策を講じ、WWF と第三者による認証を受ける取り組み。日本ではほかにソニーが参加、海外ではIBM、ジョンソン・エンド・ジョンソン、ナイキ、コカ・コーラなどが参加している。

天然ガストラック
軽油の代わりに天然ガスを燃料とするトラック。単位発熱量あたり CO_2 排出量が軽油より約 25％少ない。燃料タンクには圧縮天然ガスもしくは液化天然ガスを充填し、それぞれCNG トラック、LNGトラックと呼ばれる。

モーダルシフト
（P.120 参照）

トラックの EV
例外として、SG ホールディングス傘下のSG ムービングでは、イケア専用に三菱ふそう eCanter の EV を導入している。

東海道線
東京 - 大阪間。

⊙ SGホールディングスグループのCO₂排出削減

●排出削減目標

対象	目標
スコープ1・2	2030年：CO₂排出量46%減（2013年度比） 2050年：カーボンニュートラルを目指す
スコープ3	サプライチェーン全体での排出削減に取り組む

●スコープ1・2削減のイメージ

基準年

2013	2020	2030	2050（年）
428	394	231 -46%	0 カーボンニュートラルへ

CO₂換算排出量（千 t-CO₂）

出典：SGホールディングス「ESG BOOK 2022」をもとに作成

⊙ フェリー利用によるモーダルシフトの効果

●モーダルシフト前

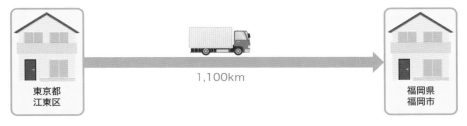

東京都江東区 → 1,100km → 福岡県福岡市

●モーダルシフト後

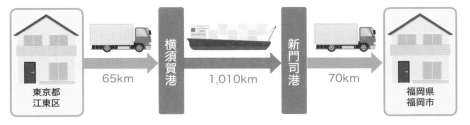

東京都江東区 → 65km → 横須賀港 → 1,010km → 新門司港 → 70km → 福岡県福岡市

	削減量	削減割合
CO₂排出削減量	1,704t-CO₂	48%削減
ドライバーの運転時間の省力化	58,947時間	86%削減

※2021年1月～2022年1月の効果

出典：SGホールディングス「SGホールディングスグループ 統合報告書2022」をもとに作成

持続可能性の大切さはお酒から教わった

お酒は自然の恵み

みなさんのなかにはお酒を飲まれる方もいるでしょう。仕事を終えたあとの1日の区切りとして欠かせない方もいるかもしれません。

そこでお酒を飲むとき、ときどきでいいので、持続可能な地球のことを思い出してもらいたいのです。というのも、お酒は何よりも豊かな自然の恵みだからです。水や米、麦、ブドウがあっての清酒やビール、ワインなのですから。

自然環境に配慮する酒造会社

酒造会社はとりわけ環境への意識が高い業界です。たとえば、サントリーグループは『水理念』を発表し、水の大切さを訴えています。また、キリンビールは横浜市の風力発電事業を支援し、アサヒビールのスーパードライの缶にはグリーンエネルギーマークが印刷されています。

大手だけではありません。たとえば静岡県で「開運」という清酒を造っている土井酒造場には浄化槽があり、その電気は倉庫の屋根上に設置した太陽光発電で賄われています。水を大切にすると同時に、使う電気を CO_2 ゼロにしたいというのが経営者の想いです。栃木県にある天鷹酒造は、日本で唯一、有機米を使った大吟醸が全国新種鑑評会で金賞を受賞しており、震災をきっかけに建て替えられた設備は、省エネ化が徹底されています。有機米使用も省エネ化も次世代のことを考えた取り組みであり、通年で醸造することで、人材採用を通年に切り替え、働き方にも配慮がされています。

地球温暖化とおいしいお酒

おいしい清酒やビール、ワインが飲めるのは、ひょっとしたら今だけかもしれません。たとえば、地球温暖化により、品質の高いブドウの産地は北上しているといわれており、銘醸地が変わっていく可能性があります。それ以上に、畑が豪雨や干ばつの被害を受けることも珍しくなくなりました。また、米の生産は増えるものの品質は悪化するといわれており、清酒に使われる酒造好適米にも影響を及ぼすでしょう。

そのような身近なところからも、持続可能性と脱炭素の大切さを感じてもらいたいと思います。

おわりに

　人には「見たくないものは見えない」という特徴があります。これは、心穏やかに過ごす目的では、必ずしも悪いものではありません。しかし、気候変動問題については、きちんと直視すべきだと思います。日本に限っても、たとえば大型台風に毎年おびえる未来が来るかもしれません。

　本書は脱炭素をテーマに、ビジネスの現場ですぐ使える基本的かつ幅広い情報をまとめたものです。第1章では、気候変動問題がどういった問題なのかを紹介しました。IPCCや気候変動枠組条約などは、ちょっと難しいイメージがあるかもしれませんが、国際社会がなぜ脱炭素に向かっているのかを最初にお伝えしておきたいと考えました。国際交渉はなかなか進まないのが現実ですが、その一方で、気候変動対策はどの国にとっても最大級の安全保障であるのです。脱炭素というのは、それほど重要な課題なのです。

　第2章は国や地域ごとの状況など、第3章は業界ごとの課題を紹介しました。これは、国際社会における脱炭素の縦糸と横糸のような関係にあります。ここまでが持続可能なビジネスを展開していくための背景といえます。

　第4章は、本書の中心となる章です。脱炭素はあらゆる企業が取り組まなければならない課題です。そして、どこから着手するかのガイドとなるのがこの章です。近年はスコープ3が注目されるようになりましたが、脱炭素に取り組むための入り口になればいいと思います。第5章から第7章は、普及しはじめた技術から開発中の技術まで、脱炭素の切り札となるものを紹介しました。紹介しきれなかった技術もたくさんありますが、確実にいえることは、気候変動を食い止める、少なくとも1.5℃以下に抑制することは不可能ではなく、それだけの技術は揃っているということです。

　そして第8章では、脱炭素に挑む企業を紹介しましたが、これ以外にもすばらしい取り組みを行っている企業がたくさんあることを忘れないでください。そして、これらの企業も含め、まだまだ行うべきことはたくさんあります。

　本書をきっかけに、さらに気候変動問題や国際社会の動向、脱炭素に向けた技術などについて、知識を深めていただけたらと思います。そして、気候変動を回避し、みなさんとともに2050年を笑顔で迎えたいと思います。最後までお読みいただき、ありがとうございました。

本橋 恵一

≫Index

著者紹介

本橋 恵一（もとはし けいいち）

環境エネルギージャーナリスト／コンサルタント
1994年よりエネルギー専門誌「エネルギーフォーラム」記者。
2004年よりフリーランス。2005年に環境エネルギー政策研究所にて地域エネルギー事業支援やグリーン電力証書を担当、2016-2017年に米スタートアップENCOREDの日本法人におけるマーケティング本部長。2019-2022年に脱炭素ニュースサイト「Energy Shift」「エナシフTV」の運営など。著書に『図解入門業界研究 最新電力・ガス業界の動向とカラクリがよ〜くわかる本』（秀和システム）など多数。現在、エネルギービジネスデザイン事務所代表。Twitter：@tenshinokuma

■装丁　　　　　　井上新八
■本文デザイン　　山本真琴（design.m）
■本文イラスト　　関上絵美・晴香／さややん。／イラストAC
■担当　　　　　　橘 浩之
■編集／DTP　　　株式会社エディポック

図解即戦力
**脱炭素のビジネス戦略と技術が
これ1冊でしっかりわかる教科書**

2023年 5月 6日　初版　第1刷発行
2024年 5月16日　初版　第2刷発行

著　者　　本橋恵一
発行者　　片岡 巌
発行所　　株式会社技術評論社
　　　　　東京都新宿区市谷左内町21-13
　　　　　電話　　03-3513-6150　販売促進部
　　　　　　　　　03-3513-6185　書籍編集部
印刷／製本　株式会社加藤文明社

ISBN978-4-297-13407-5 C0060　　　　　Printed in Japan

◆ お問い合せ先

〒162-0846
東京都新宿区市谷左内町21-13
株式会社技術評論社　書籍編集部
「図解即戦力
脱炭素のビジネス戦略と技術がこれ1冊でしっかりわかる教科書」係

FAX：03-3513-6181

技術評論社ホームページ
https://book.gihyo.jp/116